建筑工程质量管理与土木工程技术研究

任　淼　谢君利　李乐蒙　著

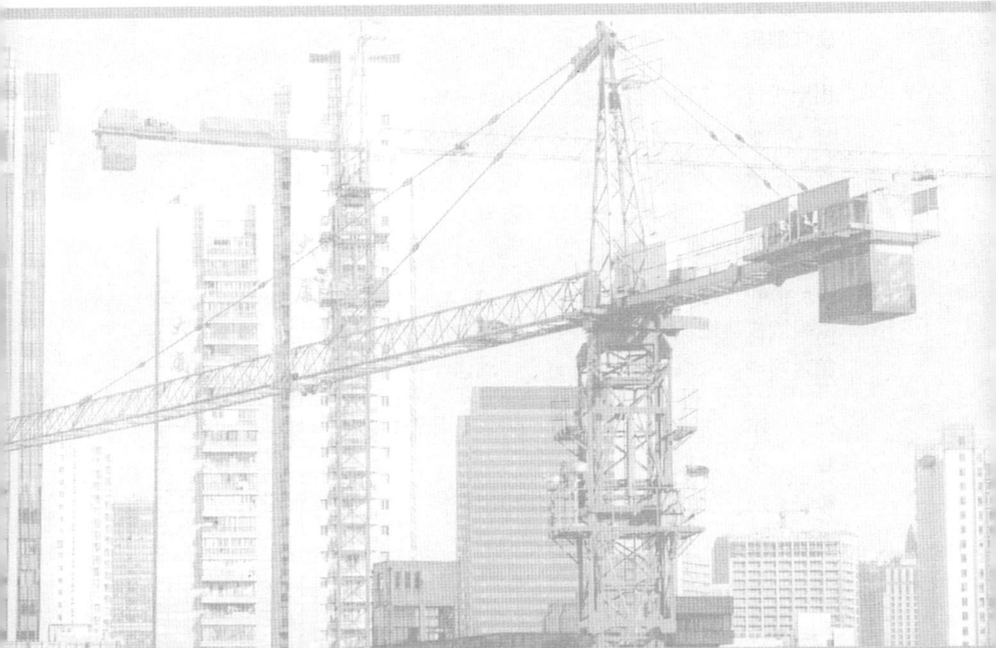

哈尔滨出版社
HARBIN PUBLISHING HOUSE

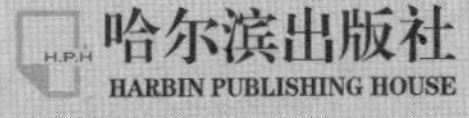

图书在版编目（CIP）数据

建筑工程质量管理与土木工程技术研究 / 任森，谢君利，李乐蒙著 . -- 哈尔滨 ：哈尔滨出版社，2025. 1. -- ISBN 978-7-5484-8280-2

Ⅰ. TU

中国国家版本馆 CIP 数据核字第 2024D84C08 号

书　　名： **建筑工程质量管理与土木工程技术研究**
JIANZHU GONGCHENG ZHILIANG GUANLI YU TUMU GONGCHENG JISHU YANJIU

作　　者： 任　森　谢君利　李乐蒙　著
责任编辑： 魏英璐

出版发行： 哈尔滨出版社(Harbin Publishing House)
社　　址： 哈尔滨市香坊区泰山路 82-9 号　**邮编：** 150090
经　　销： 全国新华书店
印　　刷： 北京鑫益晖印刷有限公司
网　　址： www.hrbcbs.com
E - mail： hrbcbs@ yeah.net
编辑版权热线： (0451)87900271　87900272
销售热线： (0451)87900202　87900203

开　　本： 880mm×1230mm　1/32　**印张：** 4.75　**字数：** 123 千字
版　　次： 2025 年 1 月第 1 版
印　　次： 2025 年 1 月第 1 次印刷
书　　号： ISBN 978-7-5484-8280-2
定　　价： 48.00 元

前　言

随着我国经济的持续发展和城市化进程的加速,建筑工程和土木工程技术的重要性日益凸显。在此背景下,建筑工程质量管理和土木工程技术研究成了行业发展的关键环节。建筑工程质量不仅关乎建筑物的结构安全,还直接影响人们的生命财产安全,而土木工程技术的创新与提升则是保障建筑质量的重要手段。当前,我国建筑行业正面临着从传统施工方式向现代化、智能化转变的挑战。这一转变过程中,如何确保建筑工程的质量,提高工程技术水平,是摆在建筑行业面前的重要课题。此外,随着新材料、新技术的不断涌现,建筑工程的质量管理和技术研究也需与时俱进,不断适应新的发展需求。

本书共分为五章,系统介绍了建筑工程质量管理与技术,以及土木工程技术的相关内容。第一章简述建筑工程质量管理的特点、原则和方法,并概述了土木工程技术的应用领域。第二章深入探讨建筑工程的质量控制手段,包括统计方法和验收标准。第三章详细解析土木工程施工技术,如地基、主体结构及防水保温施工技术。第四章剖析建筑质量事故的原因、责任及预防措施。第五章关注土木工程技术的绿色创新,突出绿色建材与技术的应用价值。全书内容精练,是建筑和土木工程专业人士的实用参考。

整本书内容紧密相连,为读者呈现了一个从基础理论到实践应用,再到未来发展趋势的全面解读。

目　　录

第一章　建筑工程质量管理与技术概述

第一节　建筑工程质量管理的特点

一、影响因素多

（一）人为因素

人为因素在建筑工程的质量管理中扮演着至关重要的角色，因为建筑工程的设计、施工、管理等各个环节都深深依赖于人的参与和决策。首先，设计环节是建筑工程的起点，设计师的专业素养、经验以及创新能力会直接影响设计方案的合理性、实用性和经济性，从而影响建筑工程的最终质量。如果设计师在设计过程中缺乏严谨的态度和细致的分析，可能会导致设计方案存在缺陷，给后续的施工和使用带来隐患。其次，施工环节是建筑工程质量形成的关键阶段。施工人员的技能水平、操作经验以及工作态度都会对工程质量产生直接影响。如果施工人员缺乏必要的技能和经验，或者在工作中缺乏责任心，可能会导致施工质量不达标，甚至引发安全事故。最后，管理环节贯穿于建筑工程的始终，管理人员的决策能力、协调能力以及监督能力都会对工程质量产生重要影响。如果管理人员在管理过程中缺乏科学的方法和有效的手段，可能会导致工程进度延误、成本超支以及质量问题频发。

(二)材料因素

建筑材料作为建筑工程的基石,其质量直接关系整个工程的稳固性、耐久性和安全性。因此,在建筑工程的质量管理中,对材料因素的控制至关重要。第一,材料的选择是确保工程质量的第一步。在材料的选择上,必须充分考虑工程的需求、使用环境以及材料的性能特点,确保所选材料符合工程要求和相关标准。如果选择了不符合要求的材料,将可能导致工程质量下降,甚至引发安全事故。第二,材料的采购环节同样需要严格控制。在采购过程中,必须选择信誉良好、质量可靠的供应商,并对采购的材料进行严格的检验和验收。这包括对材料的外观、尺寸、性能等方面的检查,确保所采购的材料符合质量要求。第三,材料的检验是确保工程质量的重要环节。在材料进入施工现场前,必须进行严格的检验和测试,确保材料的质量符合工程要求和相关标准。同时,在施工过程中,还需要对材料进行定期的复检,以确保其在使用过程中不会出现质量问题。第四,材料的使用环节也需要严格控制。在使用材料时,必须按照设计要求和相关规范进行操作,避免浪费和滥用。同时,还需要对材料的存储和保管进行规范管理,确保材料在存储过程中不会受到损坏或变质。

(三)机械因素

在建筑工程的施工过程中,施工机械扮演着举足轻重的角色。这些机械不仅提高了施工效率,还确保了施工质量和安全性。机械的性能、精度和稳定性等因素,都对建筑工程的质量产生着直接影响。首先,机械的性能决定了其完成施工任务的能力。一台性能优异的施工机械,能够高效、准确地完成施工任务,减少人为因素对施工质量的影响。相反,如果机械性能不佳,可能会导致施工效率低下,甚至引发质量问题。其次,机械的精度是保证施工质量的关键因素。在建筑工程中,许多施工环节都需要达到一定的精度要求。例如,基础施工的开挖深度、模板安装的尺寸等都需要精确控制。如果施工机械的精度不够,就会导致这些施工环节无法达到设计要求,进而影响整个工程的质量。此外,机械的稳定性也是保障工程质量的重要因素。在施工过程中,机械需要长时间、连续地工作。如果机械的稳定性不好,就可能出现故障或事故,不仅会影响施工进度,还会对工程质量造成严重影响。

(四)环境因素

建筑工程的施工环境是一个复杂且多变的系统,其中包含了诸多自然因素和人为因素,这些因素都对工程质量产生着直接或间接的影响。第一,自然因素中的气候条件是建筑工程施工不可忽视的一环。极端的天气条件,如暴雨、暴风雪、高温等,都可能对施工造成严重影响。暴雨可能导致施工现场积水,影响施工进度和质量;暴风雪则可能使施工现场温度骤降,对建筑材料和施工设备造成损害;高温则可能导致施工人员疲劳,影响施工效率和质量。第二,地质条件也是影响建筑工程质量的重要因素。不同地质条件对施工方法和材料的要求不同,如果地质条件复杂或存在隐患,可能会导致施工难度增加,甚至引发安全事故。例如,在软土地基上进行施工,需要采取特殊的加固措施,否则可能导致地基沉降,影响建筑物的稳定性。此外,水文条件也是需要考虑的因素之一。施工现场的水文状况,如地下水位、水流速度等,都可能对施工质量产生影响。例如,地下水位过高可能导致基础施工困难,水流速度过快则可能冲刷施工现场的土壤,影响施工环境。除了自然因素外,人为因素也对施工质量产生影响。施工现场的噪声、振动等可能会对施工设备和建筑材料造成损害,同时还会影响施工人员的健康和情绪,进而影响施工质量和效率。

二、隐蔽性强

(一)结构隐蔽

在建筑工程中,结构部分作为整个建筑的骨架,承载着建筑物的重量和各类荷载,其施工质量对于建筑的安全性和稳定性至关重要。然而,由于结构部分通常被墙体、地面、顶棚等建筑外观所覆盖,其施工质量的观察和检查变得相对困难,这种特性被称为“结构隐蔽”。结构隐蔽性带来的挑战主要体现在施工质量的监控和评估上。由于结构部分在施工过程中往往被其他部分所遮挡,施工人员难以直接观察到结构部分的施工情况,这可能导致一些潜在的施工问题被忽视。例如,钢筋的连接是否牢固、混凝土的浇筑是否均匀等,这些问题在结构部分被覆盖后就难以被直接检查。此外,结构隐蔽性也增加了施工质量的评估难度。在建筑工程竣工后,对结构部分的质量进行评估需要借助专业的检测设备和技术手段,如超声波检测、X 射线检测等。这些检测方法虽然能够较为准确地评估结构部分的质量,但操作复杂、成本较高,且可能对建筑物造成一定的损伤。在竣工验收阶段,应使用专业的检测手段对结构部分进行全面、细致的检测和评估,确保建筑的安全性和稳定性。同时,还需要加强对施工人员的培训和教育,提高他们的质量意识和施工技能水平,从而减少因人为因素导致的施工质量问题。

（二）工艺隐蔽

在建筑工程施工过程中，许多关键的工艺过程，如钢筋连接、混凝土浇筑等，常常在隐蔽状态下进行。这些工艺过程对于保证建筑结构的强度和稳定性至关重要，但由于其隐蔽性，其质量问题往往难以被及时发现，这为建筑工程的质量管理带来了不小的挑战。工艺隐蔽性主要体现在施工过程中的一些关键环节，如钢筋连接、模板安装、管道铺设等。这些工艺过程通常在建筑物的内部或结构内部进行，一旦完成，往往会被其他建筑材料或结构所覆盖，使得其施工质量难以直接观察和检查。由于工艺隐蔽性的存在，一旦在这些关键工艺过程中出现质量问题，如钢筋连接不牢固、混凝土浇筑不均匀等，将会对建筑物的整体结构安全和稳定性产生严重影响。更为严重的是，由于这些问题难以被及时发现，可能会在建筑使用过程中逐渐暴露出来，甚至引发安全事故。为了应对工艺隐蔽性带来的挑战，建筑工程的质量管理必须采取一系列措施。首先，在施工过程中，应加强对关键工艺过程的监控和检查，确保每个步骤都符合规范和设计要求。其次，对于隐蔽工程的质量验收，应制定严格的检测标准和程序，使用专业的检测设备和手段进行检测，确保隐蔽工程的质量可靠。此外，还应加强施工人员的培训和教育，提高他们的质量意识和工艺水平，从源头上减少质量问题的发生。

（三）材料隐蔽

在建筑工程中，部分建筑材料的使用具有隐蔽性，这些材料在施工过程中被其他材料所覆盖，如保温材料、防水材料等。这些隐蔽性材料的质量问题，一旦未能及时发现和解决，将可能对整个建筑工程的质量和性能产生长期且严重的影响。以保温材料为例，它通常被安装在建筑物的墙体或屋顶内部，用于保持室内温度的稳定。然而，由于这些材料被后续施工所覆盖，其安装质量、厚度、密实度等关键指标往往难以直接观察和检查。如果保温材料存在质量问题，如厚度不足、材料破损或安装不牢固等，将导致保温效果大打折扣，甚至可能引发墙体开裂、渗水等严重问题。同样，防水材料也是建筑工程中常见的隐蔽性材料。它们被广泛应用于地下室、卫生间、厨房等容易受潮的地方，用于防止水分渗透。然而，由于防水层通常被其他建筑材料所覆盖，其施工质量也难以直接观察。如果防水材料存在质量问题或施工不当，将可能导致水分渗透，引发墙体发霉、脱落、腐蚀等问题，严重影响建筑物的使用寿命和安全性。因此，在建筑工程施工过程中，必须高度重视隐蔽性材料的质量问题。施工单位应加强对这些材料的质量控制和施工监管，确保材料的质量和施工质量符合相关标准和要求。

三、可变性大

（一）施工过程中的不确定性

在建筑工程施工过程中，不确定性因素的存在是常态，它们构成了施工过程中的一大挑战，并可能对工程质量产生深远影响。首先，设计变更是一个常见的不确定性因素。由于设计阶段的局限性或现场实际情况的变化，可能需要调整原有的设计方案。这种变更不仅可能导致施工计划的调整，还可能引入新的施工难度，从而影响工程质量。如果设计变更未能及时、准确地传达给施工人员，可能会导致施工错误，甚至引发安全事故。其次，材料供应不足也是一个不容忽视的不确定性因素。建筑工程需要大量的建筑材料，如钢筋、水泥、砂石等。然而，由于供应链的不稳定、天气因素或市场波动等原因，材料供应可能会出现短缺。材料供应不足不仅会影响施工进度，还可能迫使施工单位采用质量较差的替代品，从而影响工程质量。此外，施工条件的变化也是施工过程中常见的不确定性因素。施工环境可能受到天气、地质、交通等多种因素的影响。例如，恶劣的天气条件可能导致施工中断，地质条件的变化可能需要调整施工方案，交通拥堵可能影响材料的运输。这些变化都可能对工程质量产生直接或间接的影响。

(二)验收标准的可变性

随着科技的飞速发展和建筑行业的不断进步，建筑工程的验收标准也在经历着持续的变化和更新。这种可变性要求企业时刻保持敏锐的洞察力，紧跟行业发展的步伐，确保工程质量管理和控制始终符合最新的标准要求。验收标准的可变性主要体现在以下几个方面：一是技术的更新换代，如新材料、新工艺、新技术的不断涌现，使得原有的验收标准可能不再适用；二是安全环保要求的提高，随着社会对环境保护和安全生产意识的增强，建筑工程在节能、减排、安全等方面的要求也越来越高，这促使验收标准向更加严格、细致的方向发展；三是法律法规的完善，国家在建筑领域出台的新政策、新法规，也会直接影响到验收标准的制定和修改。对于企业而言，适应验收标准的可变性是确保工程质量的关键。首先，企业需要密切关注行业动态和技术发展，及时了解和掌握最新的验收标准；其次，企业需要加强内部培训和学习，提高员工对新标准的认知和理解；再次，企业需要建立健全的质量管理体系，确保工程质量从设计、施工到验收的每一个环节都符合新的标准要求；最后，企业还需要加强与政府、行业协会、专业机构的沟通和交流,获取更多的指导和支持。

(三)质量问题的可变性

建筑工程中的质量问题确实具有显著的多样性和复杂性,这使得解决这些问题变得极具挑战性。每一个质量问题都可能是由不同的因素导致,如材料选择不当、施工工艺缺陷、设计错误、环境因素等,因此必须采取针对性的解决方法和措施。此外,质量问题的可变性还体现在其动态发展上。随着时间的推移,原有的质量问题可能会因为环境因素、使用条件或其他未知因素而发生变化,甚至可能引发新的问题。例如,混凝土结构的裂缝可能由于温度应力、湿度变化或地基沉降而扩大,进而影响到结构的整体稳定性。为了解决这些可变性的质量问题,建筑工程的参建各方需要保持高度的警觉性和敏锐的洞察力。首先,要对质量问题进行深入的调查和分析,找出问题的根源和影响因素。其次,要制定科学、合理的解决方案,并确保方案的有效实施。同时,还需要对实施过程进行严格的监控和评估,确保问题得到彻底解决。另外,建筑工程的参建各方还需要加强沟通和协作,共同应对质量问题的挑战。通过信息共享、经验交流和技术合作,可以更好地理解质量问题的本质和规律,提高解决问题的效率和效果。

四、评价标准多样性

(一)国家标准和行业标准

在建筑工程领域,国家和行业为了确保工程质量和安全,制定了一系列详尽且严格的标准和规范。这些标准和规范不仅涵盖了从设计、施工到验收的各个环节,还涉及了材料选择、工艺要求、安全操作等多个方面。国家标准是国家层面对建筑工程质量管理和控制的统一要求,它通常具有较高的权威性和法律效力,要求企业必须遵守。例如,建筑设计需要遵循的抗震标准、消防规范等,都是为了保证建筑在使用过程中的安全性和可靠性。行业标准则是在某一行业内对建筑工程质量管理和控制的具体要求。这些标准通常根据行业的特性和需求制定,更加贴近实际施工情况。例如,对于特定类型的建筑工程,如桥梁、隧道等,会有相应的行业标准和规范,对施工工艺、材料使用等方面进行详细规定。企业需要根据这些国家和行业的标准和规范进行质量管理和控制。首先,企业需要对标准和规范进行深入学习和理解,确保全体员工都能够明确各项要求和标准。其次,企业需要建立健全的质量管理体系,将标准和规范的要求融入日常工作中,确保每一个施工环节都符合标准要求。同时,企业还需要加强对施工过程的监控和评估,及时发现问题并采取相应的纠正措施。

(二)合同要求

建筑工程合同是确保工程顺利进行、明确双方权利和义务的法律文件,其中对工程质量的要求和约定是合同内容的核心之一。作为承担工程建设的企业,严格遵守合同中的质量要求和约定是义不容辞的责任。合同中的质量要求通常包括具体的工程标准、技术指标、验收标准等,这些要求不仅体现了业主对工程质量的期望,也是企业展示自身技术实力和管理水平的重要机会。因此,企业需要在施工前对合同中的质量要求进行深入研读和理解,确保每个要求都得到了清晰的认识和准确的把握。在合同要求的指导下,企业需要制订详细的质量管理计划和控制措施。这包括选择合适的施工材料、确定科学的施工工艺、加强施工过程的监控和检测等。同时,企业还需要建立健全的质量管理体系,确保每个施工环节都能符合合同要求。在实际施工过程中,企业需要不断对照合同要求,对工程质量进行自查和评估。一旦发现质量问题或不符合合同要求的情况,企业应立即采取措施进行整改,确保问题得到及时解决。此外,企业还应加强与业主的沟通和协调,及时汇报工程进展和质量情况,共同推动工程质量的提升。

(三)用户需求

建筑工程的最终目的是为了满足人民群众的生活和工作需求,因此,用户的需求和满意度是衡量工程质量的重要标准。作为承担建筑工程建设的企业,在满足国家和行业标准的基础上,更应该将用户的需求和期望放在首位,致力于提高建筑工程的实用性和舒适性。首先,企业需要深入了解用户的使用需求。不同的建筑类型和用途对应着不同的用户需求,如住宅建筑需要注重居住的舒适性和安全性,商业建筑则需要考虑人流、物流的便利性和商业氛围的营造。通过与用户的深入交流和调研,企业可以更加准确地把握用户的需求,为工程设计提供有力的支持。其次,企业需要注重工程的实用性。实用性是建筑工程的基本属性,它涉及建筑的功能、空间布局、使用效率等多个方面。在设计中,企业需要结合用户的使用需求,合理规划建筑的功能布局,确保各个功能区域的使用效率和便捷性。同时,企业还需要注重细节设计,如采光、通风、隔音等方面的考虑,以提升用户的居住和工作环境。最后,企业还需要关注用户的满意度。用户的满意度是衡量工程质量的重要标准之一,它反映了用户对工程的整体评价和感受。因此,在施工过程中,企业需要加强与用户的沟通和交流,及时解决用户提出的问题和意见,确保工程能够符合用户的期望和需求。

同时,企业还需要建立完善的售后服务体系,为用户提供及时、专业的服务支持,进一步提升用户的满意度。

第二节　建筑工程质量管理的原则和方法

一、建筑工程质量管理的原则

(一)质量第一原则

1. 质量第一原则的重要性

质量是建筑工程的生命线,这是建筑行业广为流传的一句名言。这一原则不仅体现了建筑工程的本质属性,也揭示了质量管理在建筑工程中的核心地位。

质量第一原则体现了建筑工程的本质属性。建筑工程作为人们生产、生活的重要载体,其质量直接关系到人们的生命财产安全和切身利益。一个质量不过关的建筑工程不仅会给人们的生命财产带来威胁,还会影响社会的稳定和发展。因此,建筑工程质量管理必须始终坚持质量第一的原则,确保工程质量的稳定性和可靠性。

质量第一原则揭示了质量管理在建筑工程中的核心地位。在建筑工程的各个环节中,质量管理贯穿始终,从规划、设计到施工、验收等各个环节都需要进行质量管理。只有确保每个环节的质量都达到要求,才能保证整个工程的质量稳定和可靠。因此,质量管理在建筑工程中具有至关重要的地位,必须始终坚持质量第一的原则。最后,坚持质量第一原则有利于提升企业的竞争力和市场地位。在竞争激烈的市场环境中，一个优质的建筑工程往往能够为企业赢得良好的声誉和市场口碑，从而为企业带来长期稳定的收益。同时，优质的建筑工程也能够提升企业的品牌形象和竞争力，使企业在市场中占据更加有利的地位。因此，坚持质量第一的原则对于企业的长远发展具有重要意义。

2. 在规划与设计阶段坚持质量第一

在建筑工程的规划与设计阶段，坚持质量第一的原则意味着需要充分考虑工程的实际需求和功能要求，制定科学、合理的规划方案和设计图纸。具体而言，以下几个方面需要特别注意：一、规划方案需要符合法律法规和政策要求。在规划阶段，必须充分了解并遵守国家和地方的相关法律法规和政策要求，确保规划方案符合法律法规的规定。同时，还需要考虑环境保护、城市规划等方面的要求，确保规划方案的合理性和可行性。二、设计图纸需要精细、准确。同时，还需要加强与其他专业的沟通和协调，确保各专业之间的衔接和配合。通过精细、准确的设计图纸，可以为施工阶段的顺利进行提供有力的保障。三、需要加强设计审核和质量控制。在设计阶段，需要建立完善的设计审核和质量控制机制，对设计图纸进行严格的审核和把关。通过设计审核和质量控制，可以及时发现和纠正设计图纸中存在的问题和缺陷，确保设计质量的稳定和可靠。

3. 在施工与验收阶段坚持质量第一

在建筑工程的施工与验收阶段，坚持质量第一的原则意味着需要严格按照施工图纸和相关标准进行施工，确保施工质量的稳定和可靠。具体而言，以下几个方面需要特别注意：首先，需要加强施工现场管理。在施工阶段，需要建立完善的施工现场管理制度和流程,加强施工现场的安全、文明、环保等方面的管理。同时,还需要加强对施工人员的培训和管理,提高他们的质量意识和操作技能水平。通过加强施工现场管理,可以为施工质量的稳定和可靠提供有力的保障。其次,需要严格控制材料和设备的质量。在施工阶段,需要严格控制材料和设备的质量,确保它们符合施工图纸和相关标准的要求。同时,还需要加强对材料和设备的检验和检测工作,确保它们的质量和性能达到要求。通过严格控制材料和设备的质量,可以避免因材料和设备问题导致的质量问题。最后,需要加强施工质量的检查和验收。在施工阶段,需要建立完善的施工质量检查和验收机制,对施工过程进行严格的监督和检查。通过施工质量的检查和验收,可以及时发现和纠正施工过程中存在的问题和缺陷,确保施工质量的稳定和可靠。同时,在验收阶段,还需要对工程质量进行全面的评估和检测,确保工程质量符合相关标准和要求。

(二)预防为主原则

1. 预防为主原则在建筑工程质量管理中的重要性

在建筑工程质量管理中,预防为主的原则是确保工程质量稳定与可靠性的关键所在。传统的质量管理方式往往侧重于问题的发现和解决,而忽视了问题的预防。然而,在现代建筑工程中,由于工程规模庞大、技术复杂、涉及领域广泛,仅仅依靠事后的问题解决已难以满足对工程质量的高要求。因此,预防为主的原则应运而生,它强调在质量问题出现之前,通过有效的预防措施来避免问题的发生,从而提高工程质量管理的效率和效果。

预防为主的原则有助于减少质量问题的发生。通过加强事前控制,对工程的规划、设计、材料、设备等进行全面的审查和评估,可以及时发现并消除潜在的质量隐患。这种预防性的质量管理方式可以显著降低质量问题的发生率,提高工程质量的稳定性和可靠性。

预防为主的原则有助于提高质量管理的效率。传统的质量管理方式往往需要在问题出现后才能进行解决,这不仅需要投入大量的人力、物力和财力,而且还需要耗费大量的时间。而预防为主的原则强调在问题出现之前进行预防,可以在问题发生之前就消除潜在的质量隐患,从而减少质量问题的发生。这不仅可以降低质量管理的成本,还可以提高质量管理的效率。

预防为主的原则有助于提高企业的竞争力。在竞争激烈的市场环境中,企业的竞争力不仅取决于产品的质量和性能,还取决于企业的质量管理水平。通过坚持预防为主的原则,企业可以加强对工程质量的管理和控制,提高工程质量的稳定性和可靠性。这不仅可以赢得客户的信任和满意,还可以提高企业的品牌形象和竞争力。

2. 加强事前控制以预防质量问题

事前控制是预防质量问题发生的重要手段。在建筑工程质量管理中,事前控制主要包括以下几个方面:一、要对工程的规划、设计进行严格的审查。在工程规划阶段,需要充分考虑工程的实际情况和功能需求,制定科学合理的规划方案。同时,要对规划方案进行严格的审查,确保规划方案符合法律法规、技术标准和客户要求。在工程设计阶段,要充分考虑工程的结构、材料、施工工艺等方面的要求,制定精细、准确的设计图纸。同时,要对设计图纸进行严格的审查,确保设计图纸符合相关标准和要求。二、要对工程的材料、设备进行严格的检验。在工程施工前,需要对所使用的材料、设备进行严格的检验和检测。这包括对材料、设备的规格、型号、性能等方面的检查,以及对材料、设备的合格证明、检验报告等文件的审查。通过严格的检验和检测,可以确保所使用的材料、设备符合相关标准和要求,从而避免使用不合格的材料、设备导致的质量问题。三、要对施工队伍进行严格的选拔和培训。施工队伍是建筑工程质量的关键因素之一。因此,在施工前需要对施工队伍进行严格的选拔和培训。这包括对施工队伍的资质、技能、经验等方面的评估,以及对施工队伍的质量意识、安全意识等方面的培训。通过严格的选拔和培训,可以确保施工队伍具备足够的能力和素质来完成工程任务,从而提高工程质量的稳定性和可靠性。

3. 加强事中检查和事后总结以预防质量问题扩大和恶化

事中检查和事后总结是预防质量问题扩大和恶化的重要手段。在建筑工程质量管理中,事中检查和事后总结主要包括以下几个方面:一、要对施工过程进行严格的监督和检查。这包括对施工现场的巡视、对施工工艺的检查、对施工质量的抽查等。通过严格的监督和检查,可以及时发现并纠正施工过程中的问题,防止问题扩大和恶化。二、要对施工过程中的问题进行及时的处理和整改。在施工过程中,难免会出现一些问题。对于这些问题,需要及时进行处理和整改。这包括对问题的分析、制定整改措施、实施整改等。通过及时的处理和整改,可以避免问题扩大和恶化,保证工程质量的稳定性和可靠性。三、要对工程质量进行全面的评估和检测。在工程竣工后,需要对工程质量进行全面的评估和检测。这包括对工程的结构、功能、性能等方面的检测和评估。通过全面的评估和检测,可以确保工程质量符合相关标准和要求,从而保证工程质量的稳定性和可靠性。同时,还需要对评估和检测的结果进行总结和分析,为今后的质量管理工作提供有益的借鉴和参考。

(三)科学管理原则

1. 全面、系统、科学的管理

在建筑工程质量管理中,应坚持全面、系统、科学的管理原则。这意味着需要从多个角度、多个层面对工程质量进行全面、系统、科学的管理。具体来说,可以从以下几个方面入手:第一,需要建立一套完善的质量管理体系,明确各级管理人员和工作人员的质量职责和权利,确保质量管理工作的有序开展。第二,还需要制定一系列的质量管理制度和标准,为质量管理提供制度保障。第三,对建筑工程的管理流程进行优化,提高管理效率。具体来说,可以通过引入先进的项目管理软件、采用科学的管理方法、优化资源配置等方式,降低管理成本,提高管理效益。

2. 运用现代管理理论和方法

在建筑工程质量管理中,应积极运用现代管理理论和方法,提高管理的科学性和有效性。具体来说,可以从以下三个方面入手:首先,可以借鉴国内外先进的管理理念,如精益管理、敏捷管理等,将其应用于建筑工程质量管理中,这些理念能够帮助更好地应对各种挑战,提高管理的灵活性和适应性;其次,可以采用科学的管理方法,如六西格玛管理、PDCA 循环等,对建筑工程的质量进行全面、系统、科学的管理,这些方法能够帮助发现问题、分析问题、解决问题,提高管理的针对性和有效性;然后可以利用现代技术手段,如大数据、人工智能等,对建筑工程的质量进行实时监控和预测。这些技术手段能够帮助及时发现潜在的质量问题,提前采取措施进行预防，降低质量风险。

3. 确保工程质量的稳定和可靠

科学管理的最终目标是确保工程质量的稳定和可靠。在建筑工程质量管理中，需要从以下几个方面入手：①材料是建筑工程的基础，其质量直接影响着整个工程的质量，因此，需要严格把控材料质量，确保所使用的材料符合相关标准和要求。②还需要加强对材料供应商的审核和管理，确保材料来源的可靠性和稳定性。③施工现场是建筑工程的重要环节，其管理水平直接影响着工程的质量和进度。因此，需要加强施工现场管理，确保施工现场的安全、有序和高效。

具体来说，可以采取现场巡视、安全检查、质量抽查等方式，对施工现场进行全面、系统、科学的管理。施工质量是建筑工程质量的核心。在施工过程中，需要严格把控施工质量，确保每个施工环节都符合相关标准和要求。可以通过设置质量检查点、开展质量评估、进行质量验收等方式，对施工质量进行全面、系统、科学的管理。

二、建筑工程质量管理的方法

（一）建立健全质量管理体系

1. 质量管理体系的建立与完善：奠定质量管理的坚实基础

在建筑工程质量管理领域，质量管理体系的构建和完善无疑扮演着核心和基础的角色。这一体系不仅为质量管理的各项活动提供了明确的指导和依据，更是确保工程质量的稳定提升和可持续发展的关键。首先，建立健全质量管理体系，意味着企业需要在组织层面明确质量管理的战略地位。质量管理不再仅仅是施工过程中的一个环节,而是贯穿于项目从策划到交付的全生命周期。因此,企业需要在顶层设计上对质量管理体系进行规划,确保其与企业的发展战略相契合,为企业的长远发展提供有力支撑。其次,明确质量管理的目标、任务、职责和权限是建立质量管理体系的关键步骤。质量管理的目标应该具体、可衡量,能够反映企业对于工程质量的要求和期望。同时,任务需要明确到具体的部门和个人,确保每个人都清楚自己在质量管理中扮演的角色和承担的责任。在职责划分上,需要避免重叠和遗漏,确保每个环节都有明确的责任人。而在权限分配上,则需要根据任务的性质和重要性进行合理划分,确保相关人员有足够的权力和资源来完成任务。此外,制定科学、合理的质量管理制度和流程也是建立健全质量管理体系的重要环节。这些制度和流程需要基于企业的实际情况和工程特点进行制定,确保其具有可行性和有效性。同时,制度和流程需要明确、具体,能够指导质量管理人员的实际操作。在制定过程中,可以借鉴行业内的先进经验和做法,同时结合企业的实际情况进行创新和优化。

2. 质量管理体系的运行与监督:确保质量管理的有效实施

建立健全质量管理体系只是第一步,更重要的是如何确保这一体系能够得到有效运行和持续改进。这要求企业在日常工作中加强对质量管理体系的监督和检查,确保其各项制度和流程得到贯彻执行。首先,企业需要建立完善的监督机制。这包括设立专门的监督机构或人员,对质量管理体系的运行情况进行定期或不定期的检查和评估。同时,还需要建立信息反馈机制,鼓励员工积极反映质量管理体系中存在的问题和不足,以便及时发现和解决。

其次,企业需要加大对质量管理体系的监督力度。这要求监督机构或人员具有足够的权威和独立性,能够对质量管理体系的各个环节进行严格的监督和检查。同时,还需要对监督结果进行及时反馈和整改,确保问题得到及时解决。此外,企业还需要建立质量管理体系的持续改进机制。这要求企业能够定期对质量管理体系进行评估和反思,发现其中的不足和缺陷,并制定相应的改进措施。同时,还需要鼓励员工提出改进意见和建议,促进质量管理体系的不断完善和优化。

(二)加强质量教育和培训

1. 质量教育与培训:强化员工质量意识的关键环节

质量意识是员工在工作中对质量问题的认知、态度和行为的总和。因此,加强质量教育,提高员工的质量意识,是企业实现质量管理目标的首要任务。

质量教育应当贯穿于员工职业生涯的始终。企业应从新员工入职培训开始,就注重培养他们的质量意识。通过讲述企业的质量文化、质量方针和质量目标,让员工明确质量在企业发展中的核心地位。同时,在日常工作中,企业也应定期组织质量知识竞赛、质量月等活动,激发员工对质量问题的关注和思考。

质量教育应注重理论与实践相结合。单纯的理论灌输往往难以引起员工的共鸣,而实践中的质量问题则更能触动员工的内心。因此,企业应将质量教育融入实际工作中,让员工在亲身体验中感受到质量的重要性。例如,在施工现场设立质量观摩区,让员工目睹优秀工程案例的施工工艺和质量标准;在生产线上设立质量改进小组,让员工参与质量问题的分析和解决过程。

质量教育应强调全员参与。质量是企业全体员工的共同责任,每个员工都应当成为质量管理的积极参与者。因此,企业应当营造一种“人人关心质量、人人参与质量管理”的氛围,让员工感受到自己在质量管理中的价值和作用。通过全员参与的质量教育,不仅可以提高员工的质量意识,还能增强企业的凝聚力和向心力。

2. 质量培训:提升员工技能水平的有效途径

技能水平是员工在工作中完成任务、解决问题的基本能力。因此,加强质量培训,提高员工的技能水平,是企业实现质量管理目标的重要保障。

质量培训应当具有针对性和实用性。企业应根据员工的工作岗位和实际需求,制订相应的培训计划和内容。例如,对于生产线上的工人,可以开展设备操作、工艺流程等方面的培训;对于技术人员,可以开展新技术、新工艺等方面的培训。同时,培训内容应紧密结合实际工作,注重解决实际问题的能力培养。

质量培训应注重形式与内容的创新。传统的培训方式往往单调乏味,难以引起员工的兴趣。因此,企业应积极探索新的培训形式和内容,如在线学习、案例分析、角色扮演等。这些新颖的培训方式不仅可以提高员工的参与度,还能加深他们对质量知识的理解和记忆。

质量培训应强调实践与操作。技能水平的提高离不开实践操作的锻炼。因此,在培训过程中,企业应注重实践操作环节的设计和实施。通过模拟实际工作场景、提供实践操作机会等方式,让员工在实践中掌握技能、提高能力。

(三)强化质量检查和监督

1. 质量检查和监督:确保工程质量的必要手段

质量检查和监督是建筑工程质量管理中不可或缺的一环。它们通过对工程质量的定期检查和评估,及时发现并纠正潜在的质量问题,确保工程质量的稳定性和可靠性。这种检查和监督不仅贯穿于工程施工的全过程,还涉及工程设计、材料采购、施工工艺等各个环节。

质量检查是对工程质量的直接评估。在施工过程中,企业应定期组织专业的质量检查团队,对工程质量进行全面、细致的检查。这些检查包括对工程结构、材料质量、施工工艺等方面的检查,旨在确保工程质量符合相关标准和规范。通过定期的质量检查,企业可以及时发现潜在的质量问题,并采取有效措施进行整改,避免问题扩大化。

质量监督是对施工单位的约束和管理。在工程施工过程中,企业应对施工单位进行严格的监督和管理,确保他们按照质量标准进行施工。这包括对施工单位的资质、技术水平、管理能力等方面的监督,以及对施工过程中的违规行为进行纠正和处罚。

2. 加强质量检查和监督:提升工程质量的关键措施

为了确保工程质量的稳定性和可靠性,企业需要采取一系列措施来加强质量检查和监督。这些措施包括完善质量检查制度、提高检查人员的素质和能力、加大质量监督的力度等。

完善质量检查制度是加强质量检查和监督的基础。企业应制定科学、合理的质量检查制度,明确检查的目的、内容、方法、周期等要素。同时,还应建立相应的奖惩机制,对在质量检查中表现优秀的单位和个人给予表彰和奖励，对存在质量问题的单位和个人进行处罚和纠正。通过完善的质量检查制度，可以确保质量检查工作有序、有效地进行。

提高检查人员的素质和能力是加强质量检查和监督的关键。检查人员的素质和能力直接影响到质量检查的效果。因此，企业应加强对检查人员的培训和教育，提高他们的专业素质和业务能力。同时，还应建立检查人员的选拔和考核机制，确保他们具备足够的专业知识和实践经验。通过提高检查人员的素质和能力，可以确保质量检查工作更加准确、可靠。

加大质量监督的力度是确保工程质量的重要保障。企业应建立健全质量监督体系，加强对施工单位的监督和管理。这包括对施工单位的质量管理体系、施工过程的质量控制、质量问题的整改等方面进行监督和检查。

应加强与政府监管部门的沟通和合作，共同推动工程质量的提升。通过加大质量监督的力度，可以确保施工单位在施工过程中严格遵守相关规范和要求，从而保障工程质量的稳定性和可靠性。

3. 质量检查和监督的深远影响：塑造企业品牌、赢得市场信任

加强质量检查和监督不仅有助于提升工程质量，还对企业的发展具有深远的影响。

通过加强质量检查和监督，企业可以确保工程质量的稳定性和可靠性，从而赢得客户的信任和口碑。在竞争激烈的市场中，质量是企业赢得市场的关键。只有确保工程质量符合相关标准和规范，才能赢得客户的信任和认可。

加强质量检查和监督有助于塑造企业的品牌形象。一个注重质量的企业往往能够在市场中树立良好的品牌形象。通过加强质量检查和监督,企业可以确保自身的产品和服务符合高质量标准,从而在客户心中形成良好的印象。这种品牌形象将为企业带来更多的商业机会和市场份额。

加强质量检查和监督还有助于提高企业的竞争力和市场地位。

(四)引入现代质量管理方法和技术

1. 现代质量管理方法和技术的重要性:提升质量管理效率和效果的关键

随着科技的不断进步和市场竞争的加剧,传统的质量管理方法已经难以满足现代建筑工程质量管理的需求。因此,引入现代质量管理方法和技术成为企业提高质量管理水平的关键。

现代质量管理方法和技术强调数据驱动和持续改进。通过收集和分析质量数据,企业可以深入了解工程质量状况,发现潜在问题,并制定相应的改进措施。这种数据驱动的管理方式使得质量管理更加精准和有效,有助于提高工程质量的稳定性和可靠性。

现代质量管理方法和技术注重全员参与和团队合作。它们鼓励员工积极参与质量管理工作,发挥集体智慧,共同解决问题。这种全员参与的方式能够激发员工的积极性和创造力,形成强大的质量改进动力。

现代质量管理方法和技术强调系统性和整体性。它们将质量管理工作视为一个整体系统,注重各个环节之间的协调和配合。这种系统性的管理方式能够确保质量管理的全面性和连贯性,避免出现管理漏洞和缺陷。

2. 现代质量管理方法和技术在建筑工程领域的应用方式

六西格玛管理是一种注重数据分析和过程改进的质量管理方法。在建筑工程中,企业可以运用六西格玛管理对施工过程进行严格控制,确保施工质量和进度。具体来说,企业可以建立六西格玛项目团队,对施工过程中出现的问题进行深入分析,找出根本原因,并制定相应的改进措施。同时,企业还可以运用六西格玛管理工具和方法对工程质量数据进行收集和分析,以便更好地掌握工程质量状况。精益管理是一种以消除浪费、提高效率为核心的管理方法。具体来说,企业可以通过价值流分析找出施工过程中的浪费环节,并制定相应的改进措施。同时,企业还可以运用精益管理工具和方法对施工过程进行持续改进和优化,以提高施工效率和质量。全面质量管理是一种以全员参与、持续改进为核心的质量管理方法。在建筑工程中,企业可以运用全面质量管理对工程质量进行全面控制和管理。同时,企业还可以加强质量培训和宣传教育工作,提高员工的质量意识和素质。此外,企业还可以建立质量奖惩机制,激发员工参与质量管理工作的积极性。

3. 现代质量管理方法和技术在建筑工程领域应用的深远影响

现代质量管理方法和技术在建筑工程领域的应用将对企业产生深远影响,具体表现在以下几个方面:

通过引入现代质量管理方法和技术,企业可以实现对工程质量的全面控制和管理,提高工程质量的稳定性和可靠性。这将有助于企业赢得客户的信任和认可,提高市场竞争力。

现代质量管理方法和技术注重消除浪费、提高效率,因此能够优化资源配置和降低生产成本。这将有助于企业提高经济效益和市场竞争力。

现代质量管理方法和技术要求员工具备较高的质量意识和素质,因此能够推动企业加强员工培训和教育工作。这将有助于提高员工的素质和能力,为企业的发展提供有力的人才保障。

现代质量管理方法和技术强调持续改进和创新,因此能够推动企业不断创新和进步。这将有助于企业适应市场变化和发展需求,实现可持续发展。

第三节 土木工程技术的应用领域

一、建筑领域

(一)建筑结构设计

1. 稳固性:结构设计的基石

在建筑领域,稳固性始终是结构设计的首要任务。土木工程师在设计建筑结构时,首要考虑的是如何确保建筑物在各种环境和荷载条件下的稳定性和安全性。这不仅仅涉及对建筑物高度、重量和使用目的的综合考量,更包括了对材料力学、结构力学和土力学等多个学科的深入理解和应用。为了确保结构的稳固性,土木工程师需要详细分析建筑物的荷载情况,包括静荷载、活荷载以及风荷载、地震荷载等。他们必须精确地计算出每个构件所承受的力和弯矩,从而确定合理的截面尺寸和配筋。此外,对于高层建筑和大跨度结构,还需要考虑风振和地震等动力效应对结构的影响。稳固性的另一个重要方面是结构的整体性。土木工程师需要确保各个构件之间的连接可靠,避免出现薄弱环节。他们通常会采用刚性连接、铰接连接等多种连接方式,以保证结构在受力时能够协同工作,共同抵抗外部荷载。

2. 高效性:计算机辅助设计的革命

随着计算机技术的飞速发展,计算机辅助设计软件在建筑结构设计中的应用越来越广泛。这些软件不仅大大提高了设计效率,还能够更精确地预测建筑物在各种情况下的性能。利用计算机辅助设计软件,土木工程师可以快速地建立结构模型,进行荷载分析和结构优化。这种数字化的设计方法使得工程师能够在短时间内尝试多种设计方案,从而找到最优的解决方案。同时,这些软件还提供了丰富的后处理功能,如应力分析、变形分析和动力分析等,帮助工程师更全面地了解结构的性能。高效性的另一个体现是协同设计。在计算机辅助设计软件的帮助下,不同专业的工程师可以更加方便地进行协同工作。他们可以在同一个平台上进行交流和修改,确保各个专业之间的衔接和配合无缝进行。这种协同设计的方式不仅提高了设计效率,还降低了出错率,为建筑物的顺利施工和运营提供了有力保障。

3. 智能化:未来结构设计的发展方向

随着人工智能和机器学习等技术的不断发展,建筑结构设计正朝着智能化的方向迈进。智能化的结构设计不仅能够自动完成烦琐的计算和分析工作,还能够根据历史数据和经验进行自主学习和优化。智能化的结构设计系统可以根据建筑物的使用目的、荷载情况和施工条件等多个因素进行智能决策。例如,在地震多发地区,这样的系统可以自动调整结构的抗震设防等级和构造措施,确保建筑物的安全性。在高层建筑的设计中,智能化的系统可以自动优化结构的刚度和稳定性,以减少风振和地震等不利效应的影响。此外，智能化的结构设计还可以与施工管理系统进行无缝对接，实现设计与施工的协同和一体化。通过实时监测和数据分析，工程师可以及时发现并解决施工过程中的问题，确保建筑物的质量和进度。这种智能化的管理方式不仅提高了工作效率，还降低了成本和风险。

（二）地基工程

1. 土壤分析与测试的重要性

地基工程是建筑物稳定性和安全性的基石。在建造任何建筑物之前，土木工程师必须对建设地点的土壤进行深入的分析和测试。这一步骤至关重要，因为它能揭示土壤的物理和化学特性，如承载力、压缩性、湿度以及土壤类型等，从而帮助工程师了解土壤对建筑物的潜在影响。土壤分析通常包括对土壤样本的采集、土壤的分类和鉴定、土壤力学性质的测定等多个环节。这些测试的结果将为工程师提供宝贵的数据，以评估土壤对建筑物的稳定性影响。例如，黏性土在湿润时可能会膨胀，而在干燥时可能会收缩，这种变化可能会对建筑物的地基造成压力。因此，对土壤特性的全面了解是选择适当的地基支撑系统和建造技术的前提。

2. 地基支撑系统的选择与设计

在完成了土壤的分析和测试后，土木工程师需要根据所得数据来选择和设计适当的地基支撑系统。地基支撑系统的设计旨在确保建筑物在各种地质条件下都能保持稳定。不同的土壤类型和地质条件可能需要不同类型的地基，如桩基、浅基础或深基础等。例如，在软土地区，可能需要采用桩基来将建筑物的荷载传递到更深、更坚实的土层上。而在岩石或坚硬土层上，则可能只需要简单的浅基础。此外,地基设计还需考虑建筑物的使用功能、荷载大小、地下水条件以及地震活动性等因素。除了选择适当的地基类型外,工程师还需要对地基进行详细的设计。这包括确定基础的尺寸、形状和深度,以及选择合适的材料和施工方法。所有这些因素都必须精心考虑,以确保地基能够有效地支撑建筑物并抵抗各种潜在的地质风险。

3. 建造技术的实施与监控

地基工程的最后一个关键环节是建造技术的实施与监控。这一阶段涉及地基的实际施工以及施工过程中的质量控制。土木工程师需要与施工团队紧密合作,确保施工按照设计要求进行,并及时处理可能出现的问题。在施工过程中,工程师需要密切关注土壤条件的变化、施工材料的性质以及施工进度等因素。他们还需要定期进行检查和测试,以确保地基的稳定性和安全性。如果发现任何问题或偏差,工程师应立即采取措施进行调整和改进。此外,随着施工的进行,土木工程师还需要对地基进行持续的监控和维护。这包括定期检查地基的状态、监测地基的沉降和变形情况,以及及时处理任何潜在的安全隐患。通过这些措施,工程师可以确保地基在整个建筑物的使用寿命内都能保持稳定和安全。

(三)建筑材料选择

1. 符合建筑要求的首要性

在土木工程中,选择适合的建筑材料是至关重要的第一步。这不仅仅关乎建筑的美观和耐久性,更直接关系建筑的安全性和功能性。土木工程师在选择材料时,首要考虑的是这些材料是否符合特定的建筑要求。这些要求可能源于设计规范、地方性法规或客户的特殊需求。为了确保所选材料能够满足这些要求,工程师们会对各种材料进行严格的测试和评估。例如,他们会考察材料的强度、耐久性、防火性能以及环保性等多个方面。在这个过程中,与材料供应商、建筑师以及施工团队的紧密沟通也是不可或缺的,以确保所选材料能够在实际施工中达到预期的效果。现代建筑对于材料的要求更为严格和多样化。以高性能钢筋和预应力混凝土为例,这些新型材料因其出色的力学性能和抗震性能而被广泛采用。高性能钢筋具有更高的屈服强度和延展性,能够有效提升结构的承载能力;而预应力混凝土则通过预先施加压力,提高了混凝土的抗裂性和耐久性。

2. 经济性的重要考量

在满足建筑要求的前提下,土木工程师还需要充分考虑材料的经济性。毕竟,任何建筑项目都需要在预算范围内进行,而材料费用往往占据了项目总成本的一大部分。为了实现经济性的目标,工程师们会进行多方面的市场调研和比较分析。他们会关注材料的价格波动、供应情况以及运输成本等因素,力求找到性价比最高的材料。此外,他们还会考虑材料的可回收性和环保性,以降低项目的长期运营成本。在选择经济性材料时,土木工程师也会注重创新。随着科技的发展,越来越多的新型材料涌现出来,它们不仅性能优异,而且成本相对较低。例如,一些新型复合材料、节能材料以及绿色建材等,都在为建筑行业带来革命性的变革。

3. 稳定性的长期保障

除了满足建筑要求和经济性考量外,土木工程师在选择建筑材料时还必须确保其稳定性。这里的稳定性不仅指材料的物理和化学稳定性,还包括其在长期使用过程中的可靠性和耐久性。为了评估材料的稳定性,工程师们会进行长期的性能测试和模拟实验。他们会对材料在不同环境条件下的表现进行监测和分析,以确保其能够在各种极端情况下保持稳定的性能。这些测试可能包括耐候性试验、抗腐蚀性实验以及疲劳实验等。在材料选择过程中,土木工程师还需要关注材料的可持续发展性。随着全球环保意识的日益增强,选择那些对环境影响小、可循环利用的材料已经成为行业趋势。这不仅有助于提升建筑项目的环保形象,还能为项目的长期发展提供保障。

二、交通工程领域

(一)道路工程

1. 道路规划与设计的精准考量

在道路工程中,土木工程师的首要任务是进行道路的规划和设计。这一过程并不仅仅是简单的绘图和测量,它涉及对地形、地质、气候、交通流量以及未来城市规划的综合考量。道路的规划需要紧跟城市发展的步伐,预见未来的交通需求,同时确保与现有路网的协调与衔接。设计阶段,土木工程师需要运用专业知识,对道路的线形、纵断面、横断面进行精心设计,以达到行车舒适、视线良好、排水顺畅等要求。此外,他们还需对路面的结构层进行设计,确定各结构层的材料、厚度和施工方法,以保证道路的平整度和耐久性。值得一提的是,随着智能交通系统的发展,道路设计还需融入更多的科技元素。例如,设置智能交通信号灯、车辆检测系统等,以提高道路的通行效率和安全性。

2. 施工过程的严谨把控

在道路工程的施工阶段,土木工程师的角色同样重要。他们需要密切关注施工进度,确保施工质量符合设计要求。这包括对施工材料的严格把控、对施工工艺的监督检查以及对施工现场的安全管理。施工过程中,土木工程师需要与各施工队伍紧密合作,及时解决施工中出现的问题。例如,遇到不良地质条件时,需要调整设计方案或采取加固措施,以确保道路的稳定性和安全性。同时,他们还需对施工过程中的环境保护和噪声控制等方面进行有效管理,以减少对周边环境的影响。

3. 配套设施的完善与人性化

除了道路本身的建设,土木工程师还需要考虑道路的配套设施。其中包括排水系统、交通标志、道路照明等设施的设置。排水系统的设计是防止道路积水和确保行车安全的关键。土木工程师需要根据地形和气候条件,合理规划排水沟、雨水口和排水管线的布局,以确保雨水能够迅速排出,防止道路积水和泥泞。交通标志的设置也是道路工程中不可或缺的一部分。土木工程师需要根据道路类型、交通流量和行车速度等因素,合理设置指示牌、警告牌和禁令牌等交通标志,以引导驾驶员正确行驶,减少交通事故的发生。道路照明设施的设置则是为了保障夜间行车的安全。同时,他们还需考虑节能和环保的要求,选择高效、长寿命的照明设备。

(二)桥梁工程

1. 桥梁结构设计:稳固之基

桥梁,作为连接两岸的交通枢纽,承载着重要的交通流量,其稳定性与安全性至关重要。在桥梁工程的初始阶段,土木工程师的首要任务就是进行详尽而周密的桥梁结构设计。这一过程不仅要求工程师具备深厚的力学知识,还需要他们对地形、气候、水文等自然条件有深入的了解。在桥梁结构设计中，工程师们必须确保桥梁能够承受预定的荷载，并在各种极端环境条件下保持稳固。他们需要对桥梁的各个部分，如桥墩、桥面、拉索等，进行精确的计算和设计，以确保其结构强度和稳定性。此外，随着新材料和新技术的应用，土木工程师还需不断探索和创新，以提高桥梁的安全性和使用寿命。

2. 施工监控：质量的保障

桥梁的施工过程同样需要土木工程师的严密监控。他们不仅要对施工材料进行严格的质量控制，还要对施工工艺和现场安全进行全面监督。施工监控的过程中，土木工程师还需要运用各种先进的技术手段，如无损检测、应力监测等，对桥梁的各个关键部位进行实时监测。这些数据的收集和分析，不仅有助于及时发现问题并采取相应的补救措施，还能为桥梁的后期维护提供宝贵的参考依据。

3. 后期维护：持久的守护

桥梁的后期维护同样是土木工程师的重要职责之一。一旦桥梁投入使用，就需要定期的检查和维护，以确保其长期的安全运营。土木工程师需要制订详细的维护计划，对桥梁的各个部位进行定期的检查和维修。在后期维护中，土木工程师还需要密切关注桥梁的使用情况，及时发现并处理各种潜在的安全隐患。例如，对于钢结构桥梁，他们需要定期检查钢材的腐蚀情况，及时进行防锈处理；对于混凝土结构桥梁，他们需要关注裂缝的发展情况，及时进行修补和加固。总的来说，桥梁工程是土木工程师的一项重要工作。从结构设计到施工监控，再到后期维护，每一个环节都需要工程师们的精心设计和严谨把控。他们的工作不仅关乎桥梁的稳定性和安全性，更关系到人们的出行安全和社会的经济发展。在未来的桥梁工程中，随着新材料、新技术的不断涌现，土木工程师们将面临更多的挑战和机遇，但他们的使命始终不变——那就是为人们建造更加稳固、安全的桥梁，连接两岸的交通，促进社会的繁荣与发展。为了满足这一使命，土木工程师们需要不断学习新知识、掌握新技术，提高自身的专业素养和实践能力。同时，他们还需要保持敏锐的市场洞察力和创新意识，紧跟时代发展的步伐，为桥梁工程的发展贡献自己的力量。只有这样，他们才能确保每一座桥梁都能经受住时间和自然的考验，成为连接两岸的坚固纽带。

（三）隧道工程

1. 复杂地质条件下的挑战与应对

隧道工程，作为连接山川与城市的重要交通方式，其建设难度与地质条件息息相关。在山区，隧道经常需要穿越各种复杂的地质层，如坚硬的岩石、松软的土层或是富含地下水的区域。这些多变的地质条件给隧道的挖掘和支护带来了极大的挑战。土木工程师在进行隧道工程设计时，首先要对地质情况进行深入的勘探和分析。通过地质雷达、钻探取样等手段，工程师们可以了解地下的岩层分布、土壤性质以及地下水情况，从而制定出合理的挖掘和支护方案。在挖掘过程中，他们还需要根据实际情况不断调整方案，以确保隧道的稳定性和安全性。此外，地质条件还影响着隧道的使用寿命和安全性。因此，土木工程师在设计时还需要考虑到地质变化对隧道结构的影响，采取相应的预防措施，如加固岩层、设置防水层等，以延长隧道的使用寿命。

2. 隧道内的通风、照明与行车环境

隧道作为一个封闭的交通空间,其内部的通风、照明条件直接影响着行车的安全性和舒适性。土木工程师在设计隧道时,需要充分考虑这些因素,为驾驶员和乘客创造一个安全、舒适的行车环境。通风是隧道设计中不可忽视的一环。由于隧道内汽车尾气的排放和扬尘的产生,如果没有良好的通风系统,隧道内的空气质量将会迅速恶化。因此,土木工程师需要设计合理的通风系统,确保隧道内的空气流通,减少有害气体的积聚。照明也是隧道设计中的关键因素。在封闭的隧道环境中,良好的照明不仅可以提高行车的安全性,还能缓解驾驶员的视觉疲劳。土木工程师需要选择合适的灯具和布局方式,确保隧道内的照明亮度适中、光线分布均匀,避免眩光和阴影对驾驶员造成干扰。

3. 安全逃生设施与应急预案

在隧道工程中,安全逃生设施和应急预案的制定是至关重要的。由于隧道是一个相对封闭的空间,一旦发生火灾、交通事故等紧急情况,疏散和救援的难度将会大大增加。因此,土木工程师需要在设计时充分考虑安全逃生设施和应急预案的设置。首先,土木工程师需要在隧道内设置足够数量的安全出口和疏散通道,确保在紧急情况下人员能够迅速撤离。同时,他们还需要考虑到疏散通道的标识和引导设施的设置,以便在混乱的情况下引导人员有序撤离。其次,土木工程师还需要与当地的消防、医疗等救援部门紧密合作,制定详细的应急预案。这些预案包括应急响应程序、救援力量的组织和调配、现场指挥和协调等内容,以确保在紧急情况下能够迅速有效地进行救援工作。

三、水利工程领域

(一)水库大坝建设

1. 大坝稳定性与安全性的双重保障

在水库大坝的建设中,土木工程师的首要任务便是确保大坝的稳定性和安全性。这不仅仅关乎工程本身的质量,更直接关系下游居民的生命财产安全以及整个区域的生态平衡。土木工程师需要从选址、设计到施工,每一个环节都严格把控,确保大坝能够稳固地矗立于江河之上,抵御洪水的冲击。在选址阶段,土木工程师会综合考虑地质构造、地形地貌、气候条件等多重因素,选择一个既符合工程要求又能最大程度保证安全性的地点。设计阶段,他们会运用先进的计算机模拟技术和专业的工程分析软件,对大坝的结构进行详细设计,确保其能够承受各种极端情况下的荷载。而在施工阶段,土木工程师更是要亲临现场,监督施工进度,检查施工质量,确保每一块石头、每一方土都严格按照设计要求进行填筑。他们深知,只有严把质量关,才能筑造出坚固的大坝,守护一方水土的安宁。

2. 防渗与排水的精心设计

除了稳定性和安全性外,大坝的防渗和排水设计也是土木工程师必须精心考虑的环节。大坝的防渗性能直接关系水库的蓄水量和水质,而排水系统的设计则影响着大坝的整体安全和寿命。在防渗方面,土木工程师会采用多种技术手段,如设置防渗墙、使用防渗材料等,确保大坝能够有效地阻止水分的渗漏。同时,他们还会对大坝的基础进行特殊处理,以提高其抗渗性能。在排水方面，土木工程师则会设计出合理的排水系统，包括排水沟、排水管等，以确保大坝内部的积水能够及时排出，防止因水分滞留而对大坝结构造成损害。此外，他们还会考虑到极端天气条件下的排水需求，确保大坝在任何情况下都能保持良好的工作状态。

3. 大坝监测与维护的长期任务

水库大坝一旦建成，其监测和维护工作便成了土木工程师的另一项重要任务。为了确保大坝的长期安全运行，土木工程师会建立一套完善的监测系统，对大坝的变形、渗漏、应力等关键指标进行实时监控。通过安装在大坝上的各种传感器和监测设备，土木工程师能够实时获取大坝的工作状态数据，从而及时发现潜在的安全隐患。一旦监测数据出现异常，他们会立即启动应急预案，采取相应的补救措施，确保大坝的安全。此外，土木工程师还会定期对大坝进行维护和保养，包括清理坝体表面的杂物、修补破损部位、更新老化设备等，以延长大坝的使用寿命。他们深知，只有做好监测和维护工作，才能确保大坝始终保持在最佳工作状态，为下游居民和生态环境提供坚实的保障。

（二）河道治理

1. 河道的疏浚与生态恢复

河道治理的首要任务是河道的疏浚。土木工程师们深知，随着时间的推移，河道中常常会积累泥沙、废弃物等，导致河床抬高，水流受阻，这不仅影响河道的自然功能，还可能引发洪水等自然灾害。因此，他们运用专业的技术手段，如挖掘、吸泥等，对河道进行定期的疏浚，确保水流畅通。而在疏浚的过程中，土木工程师们也注重河道的生态恢复。他们不仅清除河道中的垃圾和淤积物，还会在河道两岸种植植被,增强河道的自净能力,促进生态系统的恢复。通过这些措施,土木工程师们努力让河道恢复其原有的自然风貌,为水中的生物提供一个良好的生存环境。

2. 堤防加固与防洪安全

河道治理中,堤防加固是确保防洪安全的关键环节。土木工程师们深知,一旦洪水来临,坚固的堤防是保护沿岸居民生命财产安全的最后屏障。因此,他们会对现有的堤防进行全面的检查和评估,发现隐患及时加固。在堤防加固的过程中,土木工程师们会采用各种先进的技术和材料,如使用钢筋混凝土、土工布等进行加固,以提高堤防的稳定性和抗洪能力。同时,他们还会考虑到堤防与周围环境的协调性,确保加固后的堤防既能满足防洪需求,又能与周围环境相融合。

3. 河道的多功能性与可持续发展

除了防洪和生态恢复外,土木工程师在河道治理中还注重河道的多功能性。他们深知,河道不仅仅是水流的通道,还承载着航运、灌溉、排水等多重功能。因此,在治理过程中,他们会综合考虑这些因素,确保河道的各项功能都能得到充分发挥。为了实现河道的可持续发展,土木工程师们还会积极推动绿色水利工程的建设。他们会在河道两岸种植植被、建设生态护岸等,提高河道的自净能力和生态稳定性。同时,他们还会倡导节水、节能等环保理念,促进河道治理与环境保护的协调发展。在河道治理的过程中,土木工程师们始终秉持着人与自然和谐共生的理念。他们通过科学的规划和技术手段的运用,努力改善河流水文和生态环境,为沿岸居民创造一个安全、美丽的生活环境。在未来的河道治理中,土木工程师们将继续发挥他们的专业优势和技术实力,为构建更加美好的水生态环境贡献力量。

(三)水资源规划与开发

1. 水资源的全面规划与评估

随着全球气候的变化和人口的不断增长,水资源的紧缺性日益凸显。在这个背景下,土木工程师的角色愈发重要,他们不仅要在建筑和交通基础设施上展现专业能力,更要积极参与到水资源的规划与开发中。而水资源的规划工作,首先需要对现有的水资源进行全面的评估。土木工程师需要运用专业知识和技术手段,对区域内的水资源量、质量以及使用情况进行详细的调查和分析。这包括对地表水和地下水的储量、分布、流动特性等进行深入研究,同时还要了解当前的水资源利用状况,如农业灌溉、工业用水和生活用水等。通过这样的全面评估,工程师们可以为后续的水资源开发提供准确的数据支持和科学的决策依据。此外,规划过程中还需要充分考虑到生态环境的保护。土木工程师在规划水资源时,必须确保开发活动不会对生态环境造成破坏,尤其是在涉及湿地、河流等敏感区域时,更需要格外小心。他们需要通过合理的规划和设计,实现水资源开发与生态环境保护的和谐共生。

2. 水资源的开发与利用策略

在全面规划和评估的基础上,土木工程师需要制定切实可行的水资源开发与利用策略。这包括确定开发的目标和优先级,选择合适的开发技术和手段,以及制订相应的实施计划。在开发技术的选择上,土木工程师需要综合考虑技术的成熟性、经济性、环保性等多方面因素。例如,对于地下水的开发,可以选择采用先进的钻井技术和水处理技术来提高取水效率和水质;对于地表水的利用,则可以通过建设水库、堤坝等工程来调节水量和水质。同时,实施计划的制订也是至关重要的。土木工程师需要考虑到各种可能出现的风险和挑战,制定相应的应对措施。他们还需要与政府部门、社区和利益相关者进行充分的沟通和协调,确保开发计划的顺利实施。

3. 水资源的可持续管理与保护

水资源的规划与开发并非一蹴而就的过程,而是需要长期的、持续的管理和保护。土木工程师在这方面也扮演着重要的角色。首先,他们需要建立完善的水资源管理系统,对水资源的使用情况进行实时监控和调度。通过运用先进的信息技术和数据分析方法,工程师们可以及时了解水资源的动态变化,为决策提供支持。其次,土木工程师还需要积极参与到水资源的保护工作中。这包括推动节水技术的研发和应用,提高水资源的利用效率;加强污水处理和再利用设施的建设和管理,减少水资源的浪费和污染;以及倡导公众节约用水、保护水资源的意识。

四、油田工程领域

(一)钻井平台建设

1. 钻井平台的稳定性考量

在广阔的海洋中建设钻井平台,首先面临的挑战便是如何确保这一庞然大物的稳定性。土木工程师深知,稳定性是钻井平台正常运作的基石,任何轻微的晃动或偏移都可能对工作人员和设备造成巨大的风险。因此,在设计阶段,他们便开始了对稳定性的深思熟虑。海洋环境复杂多变,风、浪、流等多种自然力量都会对平台产生影响。土木工程师必须对这些因素进行全面的分析和预测,以确定平台的基础形式和结构布局。他们运用先进的计算方法和模拟软件,反复验证平台在不同海况下的稳定性表现,力求找到最优化的设计方案。而在施工阶段,土木工程师更是亲临现场,监督每一个施工环节,确保每一根钢筋、每一方混凝土的浇筑都严格按照设计要求进行。他们深知,只有严把施工质量关,才能为后续的钻井作业提供坚实的支撑。

2. 钻井平台的安全性设计

与稳定性同样重要的是钻井平台的安全性。在海洋环境中,安全始终是首要考虑的问题。土木工程师在设计过程中,不仅要考虑平台在正常情况下的安全性,还要预见到可能发生的各种极端情况,并制定相应的应对措施。他们会对平台的承重结构进行精心设计,确保其具有足够的强度和刚度,以承受各种可能出现的荷载。同时,他们还会考虑到平台的防火、防爆等安全措施,为工作人员提供全方位的保护。除了结构安全外,土木工程师还会关注到平台的使用安全。他们会合理规划平台上的工作区域和逃生通道,确保在紧急情况下人员能够迅速疏散。同时,他们还会参与到平台的安全管理制度的制定中,为工作人员提供明确的安全操作指南。

3. 多因素的综合考量

在钻井平台的设计和建设过程中,土木工程师需要综合考虑多个因素。海洋环境、土壤条件以及承载能力等都是他们必须深入研究的课题。海洋环境的复杂性使得土木工程师需要对风、浪、流等自然因素进行精确的预测和分析。他们需要结合气象、水文等专业知识,对平台的设计方案进行不断优化,以适应不同海域的特定环境。土壤条件同样是一个不可忽视的因素。土木工程师需要对海底的土质进行详细的勘察和测试，以确定平台的桩基形式和深度。他们必须确保桩基能够牢固地扎根于海底，为平台提供稳定的支撑。承载能力则是决定平台能否安全承载各种设备和人员的关键因素。土木工程师需要对平台的各个部分进行精确的力学分析，以确定其承载能力。他们必须确保平台在承受正常荷载的同时，还能应对各种可能出现的突发情况。

（二）油井设计与维护

1. 油井设计的结构考量

油井设计是石油开采过程中的关键环节，它涉及多个复杂因素的综合考虑。土木工程师在这一环节中发挥着举足轻重的作用，他们的设计直接关系到油井的安全与稳定。在油井设计中，井筒结构的设计是至关重要的。土木工程师需要充分考虑地层情况、油井深度、井壁稳定性以及未来可能遇到的各种地质变化。他们运用专业的知识和技能，对井筒进行合理布局，确保其结构既能满足石油开采的需求，又能抵御地下复杂多变的环境。除了井筒结构，井壁强度的设计也是土木工程师关注的重点。他们需要确保井壁能够承受地下高压和高温环境的挑战，同时保持足够的稳定性和密封性。这要求土木工程师对材料力学、结构力学等领域有深入的理解，并能够根据具体情况进行灵活应用。

2. 油井的防喷措施设计

在石油开采行业中，安全性是至关重要的。特别是在面对高压油气藏时，一个疏忽就可能导致严重的安全事故。因此，土木工程师在设计防喷措施时，其考虑必须是全方位的，不能有丝毫的大意。地层压力是一个不可忽视的因素。不同的地层,其压力差异可能会非常大。如果地层压力过高,那么在钻探过程中就存在很大的喷油、喷气的风险。为了应对这种风险,工程师需要精确测量地层压力,然后根据压力数据来选择合适的防喷设备。油气性质也是一个关键因素。不同的油气藏,其油气的组分、温度和压力等性质都会有所不同。这些性质将直接影响防喷方案的设计。例如,某些油气可能含有腐蚀性成分,这就要求防喷设备和材料必须具备良好的耐腐蚀性。井口设备是防喷体系中的第一道防线。井口防喷器、井下安全阀等设备都是在紧急情况下,能够迅速切断油气流动的关键设备。它们的设计和选型都必须经过严格的计算和测试,确保其能够在极端条件下正常工作。除了这些硬件设备,井口周围的土壤和岩石也需要进行加固处理。这是因为,在高压油气的作用下,井口周围的土壤和岩石可能会发生变形或破损,从而导致安全事故。为了预防这种情况,土木工程师需要对井口周围进行专业的加固处理,以提高其承载能力。

3. 油井的维护与安全保障

在石油开采行业中,油井的维护工作是确保生产安全、防止事故发生的关键环节。土木工程师在这一过程中扮演着举足轻重的角色,他们不仅需要具备扎实的专业知识和丰富的实践经验,还需时刻保持高度的警觉和责任心。油井的定期检查是土木工程师的重要职责之一。他们会按照既定的计划,对油井的每一个角落进行细致入微的检查。从井口装置到井壁强度,每一个细节都不容忽视。这种全面的检查有助于及时发现油井运行过程中潜在的安全隐患,如井口装置的磨损、井壁的裂缝等。除了常规检查,土木工程师还需要与石油工程师、安全工程师等专业团队保持紧密的沟通与协作。在面对复杂问题时,这种跨学科的合作显得尤为重要。土木工程师会提供专业意见,并与团队成员共同探讨解决方案,确保油井能够在最短的时间内恢复正常运行。此外,土木工程师还承担着油井周边环境监测的重要任务。他们深知地质条件的变化对油井稳定性的影响至关重要。因此,他们会利用先进的监测设备和技术,对油井周边的地质环境进行持续的监测和评估。一旦发现异常,如地层下沉、土壤液化等现象,他们会立即采取行动,确保油井的安全。

第二章　建筑工程质量控制方法

第一节　质量控制的统计方法

一、建筑工程质量控制概述

（一）质量控制的基本概念

建筑工程质量控制是工程建设中不可或缺的一环，它涉及在建造过程中，通过科学的管理方法和技术手段，对影响工程质量的各类因素进行精确的计划、组织、协调、指导和监督。这一过程旨在确保工程质量能够达到预定的目标，同时降低因质量问题可能带来的风险。质量控制的重要性不言而喻，它不仅关系到工程项目的经济效益和社会效益，更直接关联到工程的安全性、可靠性和耐用性。一个优质的建筑工程，不仅需要满足基本的使用功能，还需要在美观度、环保性等方面达到一定的标准。而这一切，都离不开严格的质量控制。在质量控制的过程中，各个环节都需要紧密配合，从项目设计、材料选择、施工过程到竣工验收，每一个阶段都需要进行精心的管理和控制。通过科学的管理方法和技术手段，对影响工程质量的因素进行有效的控制，可以确保工程质量达到预期的目标。此外，质量控制还需要注重预防和持续改进。通过不断的检查、评估和总结，及时发现并纠正工程中的问题和不足，以确保工程质量的持续提升。同时,还需要加强对施工人员的管理和培训,增强他们的专业技能和质量意识,为工程质量提供有力的人才保障。

(二)建筑工程质量控制的重要性

建筑工程质量是确保人民生命财产安全、推动国民经济持续发展和维护社会稳定的关键因素。因此,建筑工程质量控制的重要性不言而喻。在建筑项目中,质量控制能够显著提升工程质量,进而降低后期的维修保养成本,延长工程的使用寿命。这不仅节约了资源,也减少了因质量问题可能导致的安全隐患。同时,通过严格的质量控制,可以确保工程项目在设计、施工、验收等各个环节均符合相关的法律法规和技术规范。这不仅是对工程质量的保障,也是对公众利益的维护。只有在各个环节都达到既定的标准,才能确保整个工程项目的质量和安全。此外,质量控制还有助于提升企业的信誉和市场竞争力。在竞争激烈的建筑市场中,一个企业的产品质量和信誉是其立足之本。通过持续的质量控制,企业可以不断提升其产品的质量和可靠性,赢得客户的信任和好评。这不仅有助于企业树立良好的品牌形象,也有助于其在市场中获得更大的竞争优势。

(三)建筑工程质量控制的主要任务

建筑工程质量控制的主要任务在于确保项目的高质量完成,满足社会的期待。这包括明确设定工程质量目标,制订详细的质量控制计划,确保工程从开始到结束都有明确的指导方向。同时,建立健全质量管理体系,确保体系内各项制度、流程的有效运行,为工程质量提供坚实的制度保障。在工程建设过程中,对设计、施工、监理等关键环节进行严格的监督检查,确保每一步都符合质量标准,是质量控制的核心任务。此外,运用统计方法收集、整理、分析和利用工程质量数据,能够及时发现潜在问题,为质量控制提供科学依据。对于出现的工程质量问题,必须采取有效措施进行整改,防止问题扩大化,避免质量事故的发生。这不仅是对工程本身的负责,更是对人民群众生命财产安全的负责。增强全员质量意识,加强质量教育和培训,是提升工程质量水平的关键。只有让每一位参与者都深刻认识到质量的重要性,才能确保工程质量得到全面提升。

二、统计方法在建筑工程质量控制中的应用

(一)统计方法的基本原理

统计方法作为一种科学的数据分析工具,在建筑工程质量控制中扮演着至关重要的角色。通过对数据的收集、整理、分析和解释,统计方法能够揭示出数据的内在规律性,为工程质量提供有力的数据支持。在建筑工程质量控制中,统计方法的基本原理主要包括概率论、数理统计和假设检验等。概率论为质量控制提供了量化不确定性的工具,使得工程师能够更准确地评估各种风险因素对工程质量的影响。数理统计则通过对数据进行系统的分析和处理,揭示出数据的分布规律,为工程质量控制提供科学的依据。假设检验是统计方法中的一个重要工具,它允许工程师在已有的数据基础上,对未知的总体参数进行推断和判断。通过设定合理的假设和检验统计量,工程师可以对工程质量进行科学的评估和预测,为工程质量决策提供有力的支持。

(二)建筑工程质量数据的特征分析

1. 描述性统计分析

在建筑工程质量控制中,对工程质量数据进行统计分析是了解数据基本特征的重要手段。通过计算均值,可以得知数据集的集中趋势,即数据点的平均水平。标准差则反映了数据集的离散程度,即数据点相对于均值的偏离程度。这两个统计量提供了数据分布的基本信息。进一步地,偏度用于衡量数据分布的偏斜方向和程度。当偏度值为正时,数据分布向右偏斜,意味着数据中的大多数值位于均值的左侧;反之,当偏度值为负时,数据分布向左偏斜。峰度则描述了数据分布的尖锐程度,即数据在均值附近的集中程度。峰度值大于3表示数据分布比正态分布更尖锐,小于3则表示数据分布更平坦。

2. 分布规律分析

在建筑工程质量控制中,对工程质量数据的分布情况进行分析是至关重要的一环。通过收集和分析大量的工程质量数据,可以揭示数据在不同区间内的分布规律。这种分析有助于判断数据是否符合特定的统计分布模型,如正态分布、对数正态分布等。正态分布是一种常见的连续概率分布,其特点是数据分布呈现钟形曲线,大部分数据集中在均值附近,而远离均值的数据则逐渐减少。如果工程质量数据符合正态分布,那么可以认为该工程在质量控制方面表现稳定,且质量波动较小。对数正态分布则是正态分布的一种变形,其数据在取对数后呈现正态分布的特点。这种分布通常出现在数据具有偏态或长尾特性的情况下。如果工程质量数据符合对数正态分布,那么可能意味着工程在某些方面存在较大的质量波动或不确定性。

3. 相关性分析

分析不同质量指标之间的相关性，是提升工程质量的关键步骤。通过深入研究各项指标之间的相互关系，可以有效识别出影响工程质量的决定性因素。在众多的质量指标中，如材料强度、施工精度、工艺合规性、设计方案的科学性等，都可能成为影响工程质量的潜在关键点。利用统计学方法，如计算相关系数、进行回归分析等，可以量化指标间的关联程度，从而揭示哪些指标在工程质量中起着主导作用。例如，材料强度与工程结构的稳固性密切相关，而施工精度则直接影响到工程的整体性能和外观质量。同时，工艺合规性是确保工程质量符合设计要求的重要保障。设计方案的科学性则从根本上决定了工程的质量上限。综合考量这些指标之间的内在联系，可以更加精确地找到提升工程质量的突破口。

（三）常用的统计方法及其适用范围

1. 控制图法

质量数据实时监控是确保工程质量稳定的重要手段。通过对施工过程中产生的各项数据进行持续、即时的监测，可以迅速捕捉工程质量的变化趋势，进而评估其是否处于稳定状态。这种方法的核心在于数据的及时性和准确性，它能够让管理者在第一时间发现质量波动，从而采取相应的措施进行干预。质量数据的实时监控不仅限于单一的测量指标，它涵盖了从材料性能到施工工艺的多个方面。例如，混凝土的抗压强度、钢筋的抗拉强度以及结构的尺寸精度等，都是监控的重要参数。当这些参数出现异常时，监控系统能够立即发出警报，提醒相关人员注意并采取措施。此外，实时监控还可以结合大数据分析技术，对历史数据进行挖掘，以发现可能的质量风险点和改进空间。这种基于数据的决策方法，相比传统的经验判断，更加科学和精准。

2. 方差分析法

分析不同因素对工程质量的影响程度，是确保工程安全、提升工程品质的关键环节。在工程质量的影响因素研究中，应综合考虑材料性质、施工工艺、设计方案、施工人员技能、环境条件等多重因素。材料的质量直接关系到工程的耐久性和安全性，因此，对材料性能的严格把控至关重要。施工工艺的先进性与合规性同样不容忽视，它决定了工程细节的处理效果和整体结构的稳固性。设计方案的合理性则从源头上影响着工程的质量标准和使用寿命。此外，施工人员的专业水平和操作规范性也是决定工程质量的重要因素。同时，环境条件如温度、湿度、地质状况等，也会对工程质量产生直接或间接的影响。为了深入研究这些因素对工程质量的具体影响，可以采用实验设计、数据统计和模型分析等方法，量化各因素的影响程度，进而找出主导因素，为优化工程质量提供科学依据。

3. 回归分析法

建立工程质量与影响因素之间的关系模型，是预测工程质量变化趋势的关键。这一模型能够深入剖析各种因素对工程质量的具体影响，从而科学预测未来的质量走向。影响工程质量的因素众多，如材料性能、施工工艺、环境条件等，这些因素相互关联，共同作用于工程质量。通过建立数学模型，利用回归分析、神经网络等统计和机器学习方法，可以准确地量化各因素与工程质量之间的关系。这种关系模型不仅揭示了工程质量变化的内在规律，还能根据历史数据和当前条件，预测未来的质量变化趋势。这对于工程管理者来说至关重要，因为它提供了决策支持，帮助他们在施工前就能预见潜在的质量问题，从而及时调整施工计划，优化资源配置，降低质量风险。

4. 主成分分析法

降低质量数据的维度，同时确保数据信息损失最小化，对于多指标综合评价体系至关重要。为了达到这一目标，可以采用先进的降维技术，如主成分分析，它通过提取数据中的主要变化趋势，将原始的多维数据转化为少数几个主成分，每个主成分都是原始特征的线性组合，这样可以在保留数据主要特征的同时，大大减少数据的维度。此外，利用特征选择方法，可以剔除那些对评价目标贡献较小的指标，进一步精简数据。这些方法的应用，不仅能够减少数据处理和分析的复杂性，还能突出核心指标，使得多指标综合评价更为聚焦和有效。而且，通过科学的降维处理，可以更加清晰地看到各个指标之间的内在联系和主导因素，为决策者提供更为明确和精准的参考。

三、工程质量控制关键指标体系构建

（一）指标体系构建的原则与方法

在建筑工程质量控制中，构建一个科学、合理的关键指标体系对于确保工程质量至关重要。这一指标体系的构建需要遵循几个核心原则：

一是系统性原则。这意味着指标体系必须全面覆盖建筑工程质量的各个方面,包括但不限于材料质量、施工工艺、工程结构设计等。每一个可能影响工程质量的因素都应被纳入考虑,确保没有任何重要环节被遗漏。

二是可操作性原则。这要求所选取的指标不仅能够被明确定义,还需要具备可量化和可监测的特性。例如,可以通过具体的数值或者比例来衡量材料的强度、结构的稳定性等,使得质量评估更加客观、准确。

三是动态性原则。由于建筑工程是一个持续变化的过程,因此指标体系也应能够灵活调整,以适应不同阶段和不同条件下的工程质量评估需求。这种动态性保证了质量控制的时效性和针对性。

为了构建这样一个指标体系,通常可以采用多种方法相结合的策略。文献分析法能够帮助我们梳理前人的研究成果,了解行业内对建筑工程质量评估的共识和标准。专家咨询法则能借助专业人士的丰富经验和专业知识,对指标体系进行细化和优化。而实证分析法则通过收集实际工程项目的数据,验证指标体系的实用性和有效性。

(二)常见建筑工程质量控制指标

建筑工程质量控制是确保建筑安全、可靠、耐用的关键环节,涉及多个方面的指标评估。设计质量指标中的设计差错率和设计变更次数是衡量设计精准度和稳定性的重要参数。设计差错率低、设计变更次数少,意味着设计方案成熟、考虑周全,为后续施工奠定了坚实基础,减少了因设计问题导致的工程延误和质量隐患。施工质量指标中的施工合格率和施工安全事故发生率直接关系到工程的整体质量和施工人员的安全。高施工合格率表明施工工艺规范、技术娴熟，是工程质量的重要保障；而施工安全事故发生率低则反映了施工管理的严谨性和对人员安全的重视程度。材料质量指标同样不容忽视。材料合格率高意味着使用的材料符合标准，能够保证工程的结构安全和使用寿命；而材料损耗率低则显示了材料管理的效率，减少了不必要的浪费，降低了工程成本。工程管理质量指标中的工程进度控制率和工程质量问题处理率，体现了项目管理团队的专业水平和应对突发情况的能力。工程进度控制得当，可以确保工程按计划推进，避免因进度延误而增加成本；工程质量问题处理率高，则表明管理团队对质量问题的响应迅速，能够及时解决施工中出现的问题，保证工程质量。

（三）指标体系的优化与完善

为了更好地发挥指标体系在建筑工程质量控制中的关键作用，需要对既有的指标体系进行持续的优化与完善。这要求定期对现有的指标体系进行全面评估，深入分析各项指标的实际效用，并根据工程的进展和现场情况，灵活调整各个指标的权重，以确保质量控制的重点与工程的实际需求紧密相连。同时，要积极拥抱新技术，特别是引入大数据分析、人工智能等前沿技术，利用这些技术对海量数据进行深度挖掘和模式识别，从而提升指标体系的预测性和准确性。这不仅有助于及时发现潜在的质量问题，更能为工程管理人员提供科学的决策支持。此外，实践是检验真理的唯一标准，因此，加强指标体系在实际工程中的应用至关重要。通过不断的实践，可以积累宝贵的经验，发现指标体系中的不足之处，进而有针对性地进行完善。这样，指标体系就能更加贴近工程实际，更加符合质量控制的需要。综上所述，通过对指标体系的定期评估、引入先进的数据分析技术，以及加强实践应用，可以显著提升建筑工程质量控制的科学性和有效性，为保障建筑工程的高质量完成提供坚实的支撑。

四、建筑工程质量控制中统计方法的局限性及改进措施

（一）局限性分析

1. 数据依赖性强

统计方法的有效性很大程度上取决于历史数据的数量和质量。然而，在实际工程中，常常遇到数据不足或数据质量不高的问题。例如，建筑施工单位可能由于管理不善或技术限制，导致收集到的数据存在缺失、错误或不完整，这将直接影响统计结果的准确性。

2. 深层次原因揭示不足

统计方法主要基于数据分析，虽然可以发现工程质量问题的表面现象，但往往难以深入挖掘问题的根本原因。这使得在某些复杂情况下，统计方法可能只能提供有限的信息，而无法为解决质量问题提供全面的指导。

3. 对非线性、突变性问题的处理能力有限

工程质量问题有时表现出非线性、突变性或随机性等特征，这些问题往往难以用传统的统计方法进行准确分析和预测。例如，在混凝土浇筑过程中，温度、湿度等环境因素的非线性变化可能导致混凝土质量的不稳定，而统计方法在处理这类问题时可能显得力不从心。

(二)改进措施探讨

针对工程质量控制中统计方法的局限性,可以从多个角度探讨相应的改进措施。提高数据收集与整理的质量是关键一环,通过引入大数据、云计算等先进技术,能够实时、全面、准确地采集工程质量数据,从而确保统计分析的可靠性。同时,结合工程项目的实际情况,将统计方法与可靠性分析、模糊评价等其他质量控制手段相融合,能够更全面地评估工程质量,并提升质量控制的准确性。此外,重视并加强工程质量控制人员的专业培训也至关重要。通过深化对统计方法的理解和应用能力,他们可以更有效地运用这些方法于建筑工程质量控制中,进而优化质量控制流程,提升整体工程质量。这些改进措施共同作用,将有助于突破统计方法在建筑工程质量控制中的局限性,推动工程质量管理向更高水平发展。这样的综合提升策略,不仅增强了工程质量控制的科学性和实效性,也为建筑工程行业的持续进步和稳健发展奠定了坚实基础。

(三)未来发展趋势

随着科技的日新月异,统计方法在建筑工程质量控制中的应用前景愈发广阔。未来,这一领域将迎来几大显著的发展趋势,为建筑行业的进步注入新的活力。智能化将成为统计方法在建筑工程质量控制中的重要发展方向。借助先进的人工智能技术,我们可以实现工程质量数据的智能分析,从而极大提高质量控制的效率。人工智能不仅能够处理海量的数据,更能从中挖掘出有价值的信息,为质量控制提供更为精准、科学的依据。通过智能化的数据分析,我们可以更快速地发现工程质量存在的问题,及时采取相应措施,确保工程的顺利进行。个性化也是未来统计方法在建筑工程质量控制中的一个重要趋势。每个建筑工程都有其独特的特点和需求,因此,制定针对性的质量控制策略显得尤为重要。统计方法将结合具体工程的特点,为每一个项目量身定制最合适的质量控制方案。这种个性化的质量控制方式不仅能够提高工程质量,还能有效降低不必要的成本和时间浪费,提升整体工程效益。

同时,绿色化也是未来建筑工程质量控制中不可忽视的一个方向。随着全球对环保意识的日益增强,绿色建筑理念正逐渐成为建筑行业的主流。统计方法将与这一理念紧密结合,通过精确的数据分析,实现工程质量控制的可持续发展。例如,统计方法可以帮助我们精确计算工程过程中的能源消耗和材料使用,从而制定出更为环保、节能的施工方案。

第二节　质量检查与验收标准

一、建筑工程质量检查的基本原则

(一)合法性原则

建筑工程质量检查是确保建筑安全、保障人民生命财产安全的重要环节。在进行此类检查时,必须坚决遵循国家及地方的相关法律法规,这是检查工作的基石,也是确保检查过程合法性的关键。检查人员在这一过程中扮演着举足轻重的角色,他们不仅要具备专业的技术知识和实践经验,更要对相关的法律法规有深入的理解和掌握。检查人员需要深入研读并理解各项法规要求,这些法规如同指南针,为检查工作指明方向,确保每一步操作都符合法律的规定。在检查过程中,他们需要严格按照法律法规的规定行事,不偏不倚,既要对工程质量进行严格把关,也要确保自身行为的合法性。建筑工程的质量安全直接关系到人民的生命和财产安全,因此,检查人员需要以高度的责任心和使命感开展工作,任何疏忽都可能带来严重的后果。他们的工作不仅仅是技术性的检查,更是一种法律责任的履行。严格遵循法律法规进行建筑工程质量检查,可以最大程度地减少工程质量问题,预防潜在的安全隐患,从而为社会创造一个安全、稳定的建筑环境。

(二)科学性原则

建筑工程质量检查是确保建筑安全、耐用的关键环节,必须采用科学的方法和手段进行。在制定检查方案时,应结合工程实际,充分考虑建筑结构、材料、设计要求等多方面因素。检查过程中,应充分利用现代科技手段,以提高检查结果的准确性。其中,无损检测技术因其不破坏建筑结构、性能的优点而被广泛应用。这种技术能够检测材料的内部结构异常或缺陷,评估其质量和性能,如超声波检测和雷达检测等,它们通过材料的某些物理特性变化来识别其内部结构和损伤情况。此外,传感器监测也是现代建筑工程质量检查中的重要手段。传感器可以实时监测建筑物的各种参数,如气候、温度、湿度等,这些数据不仅有助于评估建筑环境的舒适度,还可以及时发现潜在的质量问题。在实施质量检查时,还应注重检查人员的专业素质和技能培训,确保他们能够熟练掌握各种检查设备和技术,准确识别和评估建筑工程中的质量问题。同时,检查过程中应严格遵守安全规定,确保人员和设备的安全。

(三)客观性原则

质量检查是建筑工程质量管理的关键环节,它要求检查人员以客观公正的态度,对工程质量进行全面细致的评估。在这一过程中,检查人员必须摒弃主观臆断和片面理解,确保检查结果的真实性和可靠性。客观公正是质量检查的核心原则。检查人员要基于事实和数据做出判断,而不受任何外部因素的影响。他们需要全面了解工程建设的各个环节,从设计、施工到材料使用等,都要进行深入细致的检查。只有这样,才能对工程质量做出全面客观的评价。在质量检查过程中,检查人员要注重数据的收集和分析。他们应详细记录各项检查数据,包括施工过程中的关键节点、材料性能指标等,以便后续的数据分析和比对。这些数据是检查结果真实可靠的重要依据。同时,检查人员还应具备丰富的专业知识和实践经验,以便在检查过程中能够准确识别工程质量问题,并提出针对性的改进建议。他们的专业素养和实践经验对于确保检查结果的客观性和公正性至关重要。

二、建筑工程质量检查的主要内容

(一)设计文件和施工方案的审核

建筑工程质量检查的首要任务,便是对设计文件和施工方案进行严格审核,这一环节至关重要,它关乎整个工程的质量、安全和进度。

一是对设计图纸的审核。设计图纸是建筑工程施工的基石,检查人员需要对图纸中的每一个细节进行核对,确保其精确性和合规性。建筑布局、结构选型、管线布置等,都必须符合国家及地方的建筑规范和标准。任何与规范不符的设计,都可能成为潜在的安全隐患。

二是对技术规范的审查。技术规范是指导施工的重要依据,它涵盖了材料选用、施工方法、验收标准等多个方面。检查人员需要逐一审查这些规范,确保其科学性和实用性,防止因规范不当而导致的施工质量问题。

三是对施工组织设计的评估。施工组织设计是指导现场施工的关键文件,它包括施工进度计划、资源配置、安全措施等内容。检查人员应进行全面评估,确保其合理性和可行性。特别要关注施工方案的创新性与实际施工的可行性之间的平衡,避免因方案过于理想化而导致的实施困难。

此外,在审查过程中,还应结合工程实际情况,对设计创新进行审慎评估。设计创新虽能提升建筑的功能性和美观性,但也必须考虑其施工难度和成本。检查人员需要确保创新设计在实际施工中能够得以实现,且不会引发新的质量问题。

(二)原材料和构件的质量检验

原材料和构件的质量是建筑工程质量的基石,它们的优劣直接影响着整个工程的稳定性和安全性。因此,在质量检验环节,对原材料和构件进行严格的抽检至关重要。这不仅是对国家标准的遵循,更是对工程质量的负责。在抽检过程中,应对各类原材料、构件进行全面细致的检查,包括但不限于外观质量、尺寸精度、物理性能等方面。任何不符合国家标准的材料都应被及时剔除,以防患于未然。

同时,对供应商的生产资质和产品质量证明的审查同样重要。供应商的生产能力和质量控制水平直接关系到所提供原材料和构件的质量。因此，必须对供应商的资质进行严格的审核，确保其具备生产合格产品的能力。此外，产品质量证明文件的真实性和有效性也应得到核实，以确保所采购的材料符合国家标准和工程要求。质量检验不仅仅是对材料和构件的检测，更是对整个供应链的管理和监督。只有从源头上严格把控质量，才能确保整个建筑工程的稳定性和安全性。因此，我们必须高度重视原材料和构件的质量检验工作，做到严谨细致、不留死角。

（三）施工过程中的质量检查

施工过程中的质量检查，无疑是确保建筑工程质量的重中之重。此环节涵盖了诸多关键内容，其中，对现场施工工艺的监督与检查显得尤为重要。这要求质量检查人员深入施工现场，紧密跟踪每一个施工环节，确保施工人员严格遵循设计要求和施工规范进行操作。任何偏离规范的行为，都可能对工程质量产生不良影响，因此，这种实时的、严格的监督是必不可少的。除此之外，对施工过程中的关键工序进行严密监控也是质量检查的重要环节。这些关键工序往往决定着工程的整体质量和安全性能。同时，隐蔽工程的验收更不能忽视，因为它们在未来难以直接观察和检测，所以必须在施工过程中就进行严格的质量把控。定期的施工质量检查和评估同样至关重要。通过定期的检查，可以及时发现施工中存在的问题，从而进行有针对性的整改。这种定期的检查机制，不仅能够确保施工质量的持续提升，还能在一定程度上预防可能出现的质量风险。

（四）竣工验收阶段的检查

竣工验收作为建筑工程质量检查的终极环节，其重要性不言而喻。此阶段要求组织一支专业素养高、经验丰富的验收队伍，其将对工程实体进行深入细致的检查，包括但不限于建筑物的结构稳固性、使用功能的完善性以及观感质量。同时，施工过程中的详细记录和质量控制资料也是验收的重要内容，这些资料的真实性、完整性将直接影响到验收结果。在验收过程中，结构安全是首要考虑的因素，它关系到建筑物在使用过程中的稳定性和安全性。使用功能的检查则旨在确保建筑物能够满足预定的使用需求，无论是住宅、商业还是公共设施，都应保证其功能性的完备。此外，观感质量也是不可忽视的一环，它直接影响着建筑物的整体形象和人们的直观感受。只有当建筑物在上述各方面均达到规定标准，验收方可判定为合格。验收合格的建筑物，意味着其质量得到了专业认可，可以安全地投入使用，为人们的生产生活提供服务。反之，若验收不合格，则必须进行整改，直至满足所有要求，这既是对建筑物使用者的负责，也是对建筑行业规范的维护。

三、建筑工程质量验收标准

（一）国家和地方建筑工程质量验收标准

我国对建筑工程质量验收制定了完备的国家标准和地方标准。国家标准是建筑工程质量验收的基础，其中《建筑工程施工质量验收统一标准》为各类建筑工程提供了统一的验收方法和准则。此外，针对建筑电气、装饰装修等具体专业领域，也出台了相应的施工质量验收规范，如《建筑电气工程施工质量验收规范》和《建筑装饰装修工程施工质量验收规范》等，这些规范为各个专业领域的施工质量提供了明确的验收标准。国家标准的制定和实施，确保了建筑工程的质量和安全，为建筑行业提供了强有力的技术支持和质量保障。这些标准不仅涵盖了建筑结构、电气、管道等专业领域的施工质量要求，还包括了工程验收的程序、方法和评定准则，为建筑工程的整体质量提供了全面的把控。与此同时，地方标准也发挥着重要作用。由于我国地域辽阔，各地区的气候、地理、文化等条件存在较大差异，因此地方标准在国家标准的基础上进行了细化和补充。地方标准更加贴近当地实际情况，能够更好地满足地方建筑工程质量验收的需求。这些标准结合了当地的环境特点、建筑材料使用习惯以及建筑施工工艺等因素，为地方建筑工程的质量验收提供了更为具体和可操作的指导。

（二）行业建筑工程质量验收标准

不同行业的建筑工程因其独特的功能需求和施工环境，呈现出多样化的特点。为了确保工程质量和满足使用功能，各个行业都根据自身的工程特性，对建筑工程质量验收标准进行了细化和完善。在电力行业，建筑工程的验收标准主要集中在电站、输变电设施等电力基础设施的安全性和稳定性上。这些标准特别关注电气设备的安装质量、防雷接地系统的有效性以及电缆线路的铺设规范等，以保障电力系统的正常运行和供电安全。水利行业的建筑工程验收，则更侧重于堤坝、水库、水闸等水利设施的结构安全和防渗性能。水利工程质量验收标准通常包括基础处理、混凝土结构、闸门与启闭设备等多个方面，旨在确保水利工程能够抵御自然灾害的侵袭，并为农业灌溉、城市供水等提供可靠的基础设施。交通行业的建筑工程验收标准，则聚焦于道路、桥梁、隧道等交通设施的结构强度、耐久性和行车安全。这些标准严格规定了施工材料的质量要求、施工工艺的规范以及工程验收的流程，以确保交通设施能够承受高负荷的交通流量和复杂的气候条件。

(三)企业制定的建筑工程质量验收标准

企业在遵循国家和行业相关标准的前提下,拥有自主制定更为严格和细致的建筑工程质量验收标准的权利。这种自主制定的标准,通常会比国家和行业的标准更为严苛,它体现了企业对自身技术实力和管理水平的自信,同时也是对市场和消费者负责任的表现。通过实施高于国家和行业标准的企业自定标准,企业不仅能够提升建筑工程的整体质量,还能够在激烈的市场竞争中脱颖而出,塑造出高品质、严要求的品牌形象。企业制定的高标准验收措施,是针对每一个具体工程项目的特点和需求而制定的。这种针对性的验收措施,能够更精确地控制工程质量,减少质量通病和安全隐患。在实施过程中,企业可以根据项目的实际情况,灵活调整验收标准和方法,以达到最佳的工程质量和效益。此外,企业自定标准还是推动企业技术创新和管理升级的重要手段。通过不断追求更高的质量标准,企业可以激发员工的创新意识,提高团队的技术水平和管理能力。这种持续的质量改进和创新精神,将为企业在建筑行业中赢得更多的市场份额和客户的信赖。

四、建筑工程质量检查与验收流程

(一)施工过程中的质量检查流程

1. 自检

施工过程中的自检环节是确保施工质量符合设计文件和施工方案要求的关键步骤。各施工班组在进行自检时,需要全面检查施工工艺、施工材料以及施工设备等多个方面,旨在及时发现潜在问题并采取有效措施进行解决,从而保证施工质量。施工工艺的自检主要集中在操作流程的规范性和技术标准的达标情况上。施工班组需要严格按照施工方案中的工艺流程进行操作,并密切关注每一个施工细节,确保每一道工序都符合质量标准。施工材料的自检则涉及对进场材料的严格把关。班组需要检查材料的合格证、质量证明文件等,确保材料来源可靠,质量上乘。同时,对于需要复检的材料,施工班组应积极配合,确保材料性能满足施工要求。此外,施工设备的自检也是不可忽视的一环。班组应定期检查施工设备的运行状况,确保其性能良好,避免因设备故障而影响施工进度和质量。同时,对于特种设备和关键设备,施工班组还应进行更为严格的检查和维保,确保其安全可靠。

2. 互检

不同施工班组之间进行互检,这一做法在建筑工程质量管理中具有积极的意义。通过互检,各班组可以相互监督和学习,共同查找施工过程中的质量问题,从而有效提升施工质量。互检机制的实施,促进了施工人员之间的沟通与协作,使得不同班组之间能够更加紧密地配合,及时发现并纠正施工中的错误和不足。在互检过程中,各班组可以交流施工经验和技巧,相互借鉴、取长补短,共同提高施工技能水平。这种相互学习的氛围,有助于培养施工人员的团队协作精神和质量意识,使大家更加明确施工质量的重要性。同时,互检还能够及时暴露施工中存在的隐患和问题,为后续的整改工作提供依据,确保工程质量符合设计要求和施工规范。此外,互检还有助于增强施工人员的责任感。在互检过程中,每个施工人员都会意识到自己的施工成果将接受他人的检验,从而更加注重施工质量和细节处理。这种责任感会促使施工人员更加严谨、认真地对待每一个施工环节,确保工程质量的稳步提升。

3. 专检

专业的质量检查人员在建筑工程施工中扮演着举足轻重的角色。他们通过定期或不定期的施工现场检查,对施工质量进行全面而深入的评估,从而确保工程质量严格符合相关标准。这种专业检查,简称专检,主要涉及对施工工艺、施工质量和安全文明施工等多个关键方面的细致审查。在施工工艺方面,专检人员会仔细检查施工流程是否合理,工艺方法是否科学,以及施工人员是否严格遵循了施工方案中的技术要求。他们还会对施工过程中的关键控制点进行严密监控,确保每一步操作都精准无误。在施工质量方面,专检人员会对已完成的工程部分进行质量检测,包括但不限于混凝土的强度、钢筋的加工和布置、砌体的砌筑质量等。他们运用专业的检测工具和方法,确保每一个施工环节都达到了预定的质量标准。此外,安全文明施工也是专检的重要内容。专检人员会关注施工现场的安全管理是否到位,施工人员的安全防护措施是否得当,以及现场是否整洁有序,物料堆放是否合理等。

(二)竣工验收流程

1. 初验

工程竣工后的初验工作,由建设单位负责组织,旨在对工程整体质量进行初步的全面检查。这一环节对于确保工程质量、使用功能和观感质量达标至关重要。初验过程中,主要对工程实体质量进行细致的检查。这包括对结构稳定性、施工工艺的合理性以及材料质量等方面的评估。通过实体检测,可以验证工程结构是否牢固,施工工艺是否符合规范要求,以及所使用的材料是否达到质量标准。除了实体质量,初验还关注工程的使用功能。检查人员会测试工程的各项功能是否按照设计要求正常运行,例如,水电设施是否畅通,消防设施是否完备等。这些功能的正常运作是工程交付使用的必要条件,也是初验中的重要检查内容。此外,观感质量也是初验时不可忽视的方面。观感质量主要涉及工程的外观效果、细节处理以及整体协调性。一个优质的工程不仅要在功能和使用上满足要求,还要在视觉上给人以美的享受。因此,初验时会对工程的观感质量进行仔细评估,确保其符合设计要求和人们的审美期待。

2. 复验

在建筑工程的初步验收合格后,对经过整改的工程部分进行复验是至关重要的一步。这一环节主要聚焦于初验过程中识别出的问题点,旨在核实整改措施是否得到切实执行,以及工程质量是否达到了既定的验收标准。复验过程中,首要任务是复查初验时指出的具体问题。这包括但不限于结构缺陷、材料不合格、施工误差等。针对这些问题,复验人员将逐一核查整改情况,确保每一项问题都得到了妥善解决。其次,复验还需要评估整改措施的有效性。这要求复验人员对整改方法进行技术分析和实际效果考察,以验证其是否符合工程技术和质量要求。例如,如果初验中发现有混凝土裂缝,复验时就要检查裂缝修补的工艺和材料是否符合标准,以及修补后的混凝土强度是否恢复。最后,复验的总体目标是确认工程质量全面提升,达到或超过预定的验收标准。这意味着,除了检查特定问题的整改情况外,复验人员还需对工程整体质量进行再次评估。评估内容包括但不限于工程结构的安全性、使用功能的完备性以及外观质量的合规性。

3. 竣工验收

在复验合格之后,建设单位会着手组织正式的竣工验收。这一环节标志着工程质量的全面评定过程的开始,它是对工程设计、施工及监理等各个环节质量的综合检验。竣工验收的内容丰富而全面,主要涉及对工程设计的核查,确认是否严格遵循了相关标准和规范;对施工质量的审查,通过实地察看、检测,验证工程实体是否达到了设计要求和质量标准;同时,还会对监理过程进行回顾,以评估监理工作是否有效保障了工程的顺利进行。只有当竣工验收的各个环节都符合规定,工程实体质量、使用功能以及观感质量等均满足要求时,工程才能被视为合格。这意味着工程已经通过了严格的质量把控,可以安全地投入使用。值得一提的是,竣工验收并非简单的走过场,而是一项严谨细致的工作。它需要建设单位、施工单位、监理单位以及设计单位等多方的共同参与和协作。在验收过程中,各方需要依据合同约定和相关法规,对工程进行全面的审查和评估。

第三章　土木工程施工技术研究

第一节　地基与基础工程施工技术

一、地基处理技术

（一）地基处理方法概述

地基处理在建筑工程中占据举足轻重的地位，其核心目的在于改善地基土的工程性质，进而提升地基的承载力和稳定性，并最大限度地减小地基变形。为实现这一目标，可采用多种地基处理方法。这些方法根据处理深度、施工工艺及作用机理，可划分为表层处理、深层处理和综合处理三大类。表层处理方法主要包括填土加固和加厚地基。填土加固是通过在地基上方添加填土，选择合适的填土材料和压实处理来提升承载能力。加厚地基则是在原有地基上增加一层新的地基，需要注意新地基与原有地基的连接和加固措施。深层处理方法则包括地基加固、地基置换、地基改良等。地基加固可采用钢筋混凝土桩、注浆桩等方式来增加地基强度和抗震能力。地基置换是在不适宜建筑的原有地基上加入更适宜的土壤，以提高地基的坚实度和稳定性。地基改良则通过改变地基土质的水分等条件，使其更加密实，提高强度和稳定性。至于综合处理，便是将多种地基处理方法结合使用，以期达到最佳效果。例如,在实际工程中,可能会先采用换填法处理软弱地基,再利用桩基加固法增加地基的稳定性。

(二)常见地基处理技术的应用与比较

1. 换填法

换填法是一种常用的地基处理方法,它涉及将原地基土挖除,并用具有良好工程性质的材料如砂、砾石等进行填充。这一方法特别适用于地基浅层存在较厚软弱土层且需要提高地基承载力的情况。在换填法施工过程中,通常的做法是将基础底面以下一定范围内的软弱土层挖去,然后用质地坚硬、强度较高、性能稳定且没有侵蚀性的材料进行分层填充,如砂、碎石、卵石等。同时,采用人工或机械方法进行分层压实,以达到所需的密实度,从而形成良好的人工地基。换填法的优点在于其施工相对简单,成本较低。通过换填处理,地基的承载力可以得到显著提高,地基的变形特性也能得到改善,使得地基更加稳定和可靠。然而,换填法也存在一些局限性。一方面,施工周期相对较长,因为需要进行挖掘、填充和压实等多个步骤。另一方面,换填法对环境的影响较大,特别是在施工过程中可能会产生噪音、振动和尘土等污染,对周边环境造成一定的干扰。

2. 强夯法

强夯法,一种高效的地基处理方法,利用重锤自由落体产生的巨大冲击力对地基进行夯实。这种方法通过重锤的冲击,使土体受到压缩并排水,从而显著提升地基的承载力并减少沉降量。它特别适用于砂土、粉土以及黏土等地基的处理,显示出广泛的适用性。在实施强夯法时,其显著的优点不容忽视。一是施工速度快,能在短时间内完成大面积的地基处理,有效提高工作效率。二是处理效果好,经过强夯处理的地基,其承载能力得到显著提升,地基的稳定性也极大增强。三是成本低,相比其他地基处理方法,强夯法所需的设备和材料相对简单,因此成本较低。然而,强夯法也存在一定的局限性。最主要的是振动和噪声问题。由于强夯过程中重锤的巨大冲击力,会产生较大的振动和噪声,这可能对周边的环境和居民生活造成一定影响。因此,在选择使用强夯法时,需要充分考虑其对周边环境的影响,并采取相应的防护措施。

3. 预压法

预压法是一种有效的地基处理方法,特别适用于软土地基。它的基本原理是在建筑物荷载作用之前,提前对地基进行加载,以此让地基土提前完成部分或大部分压缩。通过这种方法,地基在建筑物实际荷载作用下的变形会显著减小,从而提高地基的稳定性和承载力。该方法具有多个显著优点。施工简单,不需要特殊的施工设备,降低了施工难度和成本。同时,预压法的效果显著,能够明显改善地基的工程性质,减小地基变形,保证建筑物的安全和稳定。此外,预压法不会产生振动和噪声,对周边环境的影响较小。然而,预压法也存在一定的局限性,特别是需要较长的预压时间。这是因为地基土的压缩过程需要一定的时间来完成,以确保地基土能够充分固结和稳定。因此,在选择使用预压法时,需要考虑到施工周期的限制。

4. 深层搅拌法

深层搅拌法是一种高效的地基处理方法,它利用深层搅拌设备将水泥、石灰等固化剂与地基土进行充分的搅拌混合。这种方法能够显著提高地基的承载力,并有效减小地基的沉降,从而确保建筑物的稳定性和安全性。深层搅拌法特别适用于深层软土地基的处理。在软土地基中,土壤的承载力较低,容易发生沉降和变形。通过深层搅拌法,可以将固化剂均匀地混入土壤中,形成一种复合地基,从而提高土壤的强度和稳定性。该方法具有多个优点。首先,施工速度快,可以迅速完成地基处理工程,提高工作效率。其次,处理效果好,经过深层搅拌处理的地基具有较高的承载力和稳定性,能够满足建筑物的要求。此外,该方法还具有污染小的特点,在施工过程中不会产生大量的废弃物和污染物,对环境的影响较小。然而,深层搅拌法也存在一定的局限性,主要是成本较高。由于需要使用专业的搅拌设备和固化剂,并且施工过程需要高度的技术要求和精确的控制,因此该方法的成本相对较高。在选择使用深层搅拌法时,需要综合考虑其成本和效益。

5. 灌浆法

灌浆法,作为地基处理的一种有效技术,主要是将水泥、石灰等特制的浆液,通过专用设备注入地基土层之中。随着浆液的注入,它会在土层中渗透并逐渐凝固,这一过程能够显著改善地基的物理力学性质,进而提升地基的承载力和稳定性,为建筑物提供更加坚实的基础。灌浆法在处理砂土、黏土等多种类型地基时均表现出色,这得益于其灵活的施工方式和显著的加固效果。不仅如此,灌浆法的适用范围还相当广泛,无论是民用建筑还是大型工程项目,都能见到它的身影。然而,任何技术都有其两面性。灌浆法虽然效果显著,但也存在着一些不可忽视的问题。其一是成本问题,由于需要使用专业的灌浆设备和材料,以及高技术要求的施工工艺,导致灌浆法的成本相对较高。其二是对环境的影响,灌浆过程中使用的浆液可能含有对环境有害的成分,如果处理不当,有可能对土壤和地下水造成污染。因此,在实施灌浆法时,必须综合考虑其成本效益与环境保护的需求。尽管成本较高和对环境的潜在影响是灌浆法的短板,但其在地基处理中的独特优势和广泛应用仍使其成为众多工程师和建筑师的首选方法。

二、基础工程施工技术

(一)基础工程类型及特点

基础工程是建筑工程的重要组成部分,涵盖了挖孔桩、钻孔灌注桩、地下连续墙和基坑支护等多种类型。这些类型的基础工程各具特色,适用于不同的施工环境和条件。挖孔桩以其施工简单和质量易控制的特点被广泛采用。这种桩基础适用于各类土层,无论是软土还是硬土,都能通过挖孔桩实现稳定的基础支撑。挖孔桩的直径和深度可根据实际需求进行调整,因此具有很高的灵活性。钻孔灌注桩在施工过程中产生的噪音和振动较小,特别适合于软土地基的处理。通过机械钻进形成桩孔,然后利用导管法水下灌注混凝土,最终形成稳固的桩基础。这种方法在一些对环境要求较高的区域,如居民区、医院或学校等,具有显著的优势。地下连续墙则以其施工速度快、占地面积小和对周边环境影响小等特点,成为城市密集区域的首选基础工程类型。地下连续墙不仅能承受较大的荷载,还能有效防止渗水,提高基础的稳定性和安全性。基坑支护技术主要用于保护基坑周边环境,防止因基坑开挖而引起的坍塌或滑坡等安全事故。这种技术通过支撑、加固和排水等措施,确保基坑的稳定性和施工安全。

(二)基础工程施工关键环节

1. 挖孔桩施工

在挖孔桩施工中,首要步骤是场地平整和桩位放样,为后续施工提供坚实的基础和明确的施工方向。场地平整不仅保证了施工设备的顺利进入和作业,同时也为施工安全提供了保障。桩位放样则是按照设计要求,精确标定每个桩的具体位置,确保施工精度。紧接着,挖孔作为核心环节之一,需要按照设计深度和直径进行精确挖掘。挖孔过程中,要密切关注孔壁稳定情况,避免因地质条件或其他因素导致的坍孔。同时,挖出的土方要及时清运,保持施工现场的整洁。护壁是挖孔后的另一重要环节,其主要目的是维护孔壁稳定,防止坍孔。护壁材料的选择和施工质量直接关系到孔壁的稳定性和后续施工的安全。因此,在护壁施工过程中,要严格按照设计要求进行,确保护壁材料的强度和稳定性。混凝土浇筑则要注意混凝土的配比、浇筑速度和振捣质量,确保混凝土的密实性和强度。

2. 钻孔灌注桩施工

钻孔灌注桩施工是一项关键的建筑工程步骤,其施工质量直接影响到整体结构的稳定性和安全性。在钻孔阶段,需要严格控制孔径、孔深和垂直度等关键参数,以确保成孔质量。孔径的精确控制能够确保桩身与周围土体的有效接触,孔深则关系到桩的承载深度,而垂直度的准确性则关系到桩的垂直承载能力和稳定性。完成钻孔后,清孔是不可或缺的一步。清孔必须彻底,以去除孔内的残渣和积水,防止混凝土在浇筑过程中与孔内的土体混合,影响桩身质量。同时,清孔还能有效防止孔壁坍塌,确保施工安全。接下来是钢筋笼的制作和安装。钢筋笼的质量直接影响桩的承载能力和耐久性。制作钢筋笼时,需要严格按照设计要求和规范进行,确保钢筋的直径、数量、间距等参数符合标准。钢筋笼的安装也要准确无误,以确保其与桩孔紧密贴合。

3. 地下连续墙施工

地下连续墙施工涉及多个关键步骤,包括导墙制作、挖槽、清槽、钢筋笼制作以及混凝土浇筑等。在这些环节中,挖槽和清槽是尤为重要的部分,直接关系到地下连续墙的整体质量和稳定性。导墙作为地下连续墙施工的第一步,其制作精度和稳定性对后续施工具有重要影响。导墙不仅起到导向作用,还作为挖槽的基准,因此必须确保其位置的准确性。进入挖槽阶段,这是整个施工过程中的关键环节。挖槽时,必须保证槽壁的稳定性,防止坍塌和变形。同时,槽底的清洁度也至关重要,任何杂质和残留物都可能影响后续混凝土的浇筑质量。因此,在挖槽过程中,需要不断对槽壁和槽底进行检查和清理。清槽是挖槽后的必要步骤,其目的是进一步清除槽底的残留物和杂质,确保槽底的干净和平整。清槽的质量直接关系到后续混凝土浇筑的均匀性和密实性。钢筋笼制作是地下连续墙施工中的另一重要环节。同时,钢筋笼的焊接质量也至关重要,必须确保焊接牢固、无缺陷。最后,混凝土浇筑是地下连续墙施工的最后一步,也是最为关键的环节。在浇筑过程中,必须保证混凝土的均匀性和密实性,防止出现冷缝和空洞。同时,浇筑速度也需要控制得当,以确保混凝土能够充分填充整个槽段。

4. 基坑支护工程

基坑支护工程是建筑施工中至关重要的环节,主要包括土钉墙、钢板桩、地下连续墙等多种形式。在施工过程中,必须全面考虑地质条件、周边环境和支护结构等多个因素,以确保支护体系的稳定性。地质条件是基坑支护工程的首要考量因素,包括土层的性质、地下水位、岩石的坚固程度等。这些条件直接影响支护结构的选择和施工方法的制定。因此,在施工前必须对地质条件进行详细的勘察和分析,为支护体系的设计提供准确依据。周边环境同样对基坑支护工程产生重要影响。施工过程中产生的噪声、振动、空气污染等都可能对周边居民生活、建筑和设施造成不利影响。因此,在施工过程中必须加强对周边环境的监测,及时发现并处理各种隐患,确保施工安全和环境保护。支护结构的选择和设计也是基坑支护工程的关键。不同的支护结构具有不同的特点和适用范围,必须根据地质条件和周边环境等因素进行科学合理的选择和设计。同时,在施工过程中要严格按照设计方案进行施工,确保支护体系的稳定性和安全性。

三、地基与基础工程施工质量控制

(一)质量控制原则与要求

在建筑工程中,地基与基础工程的质量控制是确保整个建筑结构安全稳定的关键环节。为达到高质量标准,需要遵循以下原则与要求:严格执行国家及地方颁布的法规、标准和规范,确保施工过程中的每一步骤、每一环节都符合法定要求,从而保障地基与基础工程的合法性、合规性和安全性。建立健全质量管理体系,实行全过程质量控制。从设计阶段开始,就需要对地基与基础工程进行全面考虑和规划,确保设计方案的科学性、合理性和可行性。在施工过程中,要严格按照设计方案进行施工,对每一道工序、每一个细节都进行严格控制,确保施工质量符合设计要求。同时,在验收阶段，要进行全面的质量检测和评估，确保地基与基础工程达到预期的质量标准。

（二）地基与基础工程质量通病及防治措施

1. 地基不均匀沉降

地基不均匀沉降是地基工程中常见且需要高度重视的问题，它可能引发建筑物倾斜、开裂等严重后果。为有效防治这一问题，必须采取一系列综合性措施。首要任务是进行详尽的地基勘察，深入了解地质情况，包括土层分布、土壤性质、地下水位等关键信息。这些信息对于合理选择地基处理方法至关重要，例如桩基、换填、注浆加固等，以确保地基的稳定性和承载能力。在设计阶段，必须充分考虑地基不均匀沉降的潜在影响。设计师应运用专业知识和经验，结合地基勘察结果，采取针对性的结构措施，如设置沉降缝、加强结构刚度、优化基础布局等，以减轻不均匀沉降对建筑物的不利影响。在施工过程中，严格遵循施工方案至关重要。地基处理是防治不均匀沉降的关键环节，施工人员必须按照设计要求和施工规范，精心施工，确保地基处理质量。同时，加强现场监测，及时发现并处理地基变形、裂缝等异常情况，防止问题进一步扩大。

2. 桩基工程质量问题

桩基工程作为建筑结构的重要支撑，其质量问题不容忽视。桩位偏差、桩长不足、桩身质量差等问题，都可能对建筑的稳定性和安全性造成严重影响。为预防这些问题，需要采取一系列措施确保桩基工程的高质量完成。加强对桩基施工过程的监控是关键。从施工准备到施工结束，每一环节都应受到严格的监控和管理，确保施工质量符合设计要求。同时，要建立完善的施工记录制度，详细记录每一道工序的施工情况，以便后续分析和追溯。采用先进的施工工艺和设备是提高桩基施工精度的有效手段。先进的施工工艺能够减少人为因素对施工质量的影响，而先进的设备则能够提高施工效率和精度。因此，在桩基工程施工中，应积极引进和应用新技术、新工艺和新设备，以提高施工质量。加强桩基工程的验收工作也是至关重要的。验收是确保桩基工程质量的最后一道防线。在验收过程中，要对桩基的桩位、桩长、桩身质量等进行全面检查，确保各项指标符合设计要求。对于不合格的桩基，要及时进行处理和整改，确保工程质量达到合格标准。

3. 基坑工程事故预防

基坑工程事故，如坍塌、滑坡等，对周边环境和建筑物安全构成严重威胁。为预防此类事故，必须采取一系列综合措施。详细的地质勘察是预防基坑工程事故的首要步骤，通过深入了解基坑的地质条件、土壤性质、地下水位等信息，为支护方案的设计提供准确依据。同时，要全面了解基坑周边环境，包括邻近建筑物、道路、管线等，确保支护方案与周边环境相协调。加强施工现场监测是预防基坑工程事故的重要手段。通过实时监测基坑的变形情况，及时发现异常并采取相应措施，可以有效防止坍塌、滑坡等事故的发生。此外，还应定期对基坑周边环境进行巡查，确保施工安全。增强施工人员的安全意识也是预防基坑工程事故的关键。施工人员应严格遵守施工规范，按照施工方案进行施工，确保施工质量和安全。同时，应加强安全教育培训，增强施工人员的安全意识和操作技能。

第二节 主体结构施工技术

一、主体结构施工技术概述

(一)主体结构分类及特点

主体结构作为建筑物的基础支撑,其分类繁多,各具特色。混凝土结构以其高抗压强度和耐久性,在大型公共建筑和高层建筑中占据重要地位。这种结构材料在正常使用条件下,不需要频繁的保养和维修,且具有较强的耐火性能,确保了建筑的安全与稳定。钢结构则以其重量轻、施工速度快和抗震性能好等特点著称。钢材的强度高、弹性模量高,使得钢结构在同样受力条件下,构件截面小、自重轻,便于运输和安装。同时,钢材的韧性、塑性好,结构可靠性高,能够承受冲击和动力荷载,具有良好的抗震性能。然而,钢结构容易受到腐蚀的影响,特别是在潮湿和腐蚀性介质的环境中,需要采取相应的防腐措施。木结构则以其天然环保、保温隔热等优点受到青睐。木材作为一种可再生资源,具有较低的能耗和较小的环境污染。此外,木结构还具有良好的保温隔热性能,为居住者提供了舒适的生活环境。然而,木结构的防火性能较差,需要采取相应的防火措施以确保建筑安全。

(二)施工技术的重要性

主体结构施工技术作为建筑行业的核心,其重要性不言而喻。它直接关系到建筑物的安全、质量以及使用寿命,是确保建筑物稳固、功能完善且美观的关键所在。采用合理的施工技术,不仅可以大幅度提高施工效率,使得工程项目能够在更短的时间内完成,还能有效降低成本,为企业创造更大的经济效益。同时,通过优化施工流程和技术手段,能够确保建筑物的结构安全,防止各种潜在的安全隐患。随着科技的不断进步,施工技术的改进和创新也日益成为行业发展的重要驱动力。通过引进新技术、新设备和新材料,不断推动施工技术的升级换代,能够进一步提高施工效率和质量,满足日益增长的建筑需求。这种技术的不断进步,不仅有助于提高我国建筑行业的整体水平,增强国际竞争力,还能为社会带来更加安全、舒适和美观的建筑空间。同时,随着绿色建筑、智能建筑等理念的普及,施工技术的创新也将更加注重环保、节能和智能化等方面的要求,为未来的建筑行业注入新的活力。

(三)技术发展现状与趋势

随着科技的飞速发展,我国主体结构施工技术正迈向新的里程碑。施工技术已逐渐摒弃传统的手工操作,向机械化、自动化、信息化方向大步迈进。例如,钢筋工程利用数控钢筋加工设备,极大地提升了加工精度和效率;模板工程则采用预制模板,不仅降低了劳动强度,还显著提高了施工质量;混凝土工程则通过泵送浇筑技术,既提高了浇筑效率,又减少了施工缝,确保了工程质量。展望未来,主体结构施工技术将继续沿着三大趋势发展。一是绿色施工,随着环保意识的提高,建筑行业越来越注重环保、节能、减排,以提高建筑物的可持续发展能力。二是智能化施工,借助物联网、大数据、人工智能等先进技术,实现施工过程的自动化、智能化,减少人为错误,提高施工效率。三是预制装配式施工,通过工厂化生产、现场组装的方式,极大地提高了施工效率,降低了成本,缩短了工期,同时也为建筑行业带来了新的发展机遇。

二、主体结构施工前期准备

(一)施工图纸及技术规范研究

在进行主体结构施工的前期准备阶段,施工图纸及技术规范的深入研究是首要且至关重要的任务。施工图纸作为施工过程的指导性文件,详细而准确地展现了建筑物的整体结构布局、各部分尺寸、使用材料及其特性等关键信息。这些信息不仅是施工团队进行具体施工操作的直接依据,更是确保建筑物最终质量、安全性和功能性的基础。与此同时,技术规范作为施工过程中的另一重要指导文件,对施工过程中的各项技术细节、操作要求、质量标准等进行了明确而详细的规定。这些规范旨在确保施工过程中的每一步操作都符合行业标准和安全要求,从而保障建筑物的结构安全和施工质量的可靠性。因此,施工团队在前期准备阶段必须投入足够的时间和精力,对施工图纸和技术规范进行深入研读和细致分析。他们需要通过讨论、交流和实践等方式,充分理解施工图纸中的各项要求和细节,并熟练掌握技术规范中的各项规定和标准。

(二)施工组织设计

施工组织设计是任何建筑项目成功的基石,它确保了施工过程的顺利进行和高效完成。一个合理的施工组织设计不仅能够有效提升施工效率,降低整体成本,还能确保施工质量的卓越性。施工组织设计涵盖多个核心要素,其中施工流程、施工方法、人员配置以及施工进度计划是不可或缺的组成部分。在制定施工流程时,需要对各个施工环节进行细致分析,确保流程的合理性和连贯性。同时,选择适当的施工方法对于提高施工效率至关重要,应基于工程特点和技术要求来选择最适合的施工方法。人员配置是施工组织设计中不可或缺的一环。合理的人员配置能够确保施工队伍的高效运作,减少人力资源的浪费。此外,施工进度计划是施工组织设计的核心内容之一,它需要结合实际情况和工程要求,制定出详细的时间表和里程碑,以确保项目按时交付。

(三)施工材料准备

施工材料的准备是主体结构施工不可或缺的基础工作,它直接关联到施工进度和质量。根据施工图纸和技术规范的具体要求,精确采购各类施工材料是确保施工顺利进行的首要步骤。这些材料包括但不限于各种建筑材料、预制构件以及专业设备等。在材料准备过程中,首要任务是确保材料的质量。质量上乘的材料不仅能保证建筑物的稳固性和安全性,还能提高整体工程的耐久性和美观度。因此,采购时必须选择信誉良好的供应商,并对其产品进行严格的质量检测,确保所有材料都符合相关标准和规范。同时,材料的数量和供应时间也是不容忽视的因素。过多的材料会占用大量存储空间,增加管理成本;而过少的材料则可能导致施工中断,影响工程进度。

(四)施工设备选型及调试

施工设备的选型及调试在主体结构施工中扮演着至关重要的角色。针对不同类型的工程项目和施工要求,精确选择适合的施工设备,如起重设备、运输设备、施工机械等,对于确保施工效率、质量和安全至关重要。在设备选型过程中,必须充分考虑设备的性能、操作简便性和安全性能。设备的性能直接决定了其施工效率和适用范围,因此必须根据工程特点选择性能优良、稳定可靠的设备。同时,设备的操作简便性也是选型时需要考虑的重要因素,操作简便的设备能够降低操作难度,提高施工效率。此外,安全性能更是不可忽视的要点,设备必须具备完善的安全保护装置和措施,确保施工过程中的安全。设备调试是确保设备在施工过程中正常运行的关键环节。在施工前,必须对设备进行全面的检查、调试和试运行,以确保设备性能稳定、操作灵活、安全可靠。

三、主体结构施工关键技术

(一)钢筋工程

1. 钢筋加工是主体结构施工中的重要环节

在钢筋的加工过程中,设计图纸和技术规范是核心指导,确保每一步操作都精确无误。首先,钢筋的剪切和弯曲需要严格按照设计要求进行,通过专用机器处理,保证钢筋的长度、直径以及弯曲角度等参数符合施工需求。这不仅能够提高钢筋与混凝土的协同作用,还能够增强建筑结构的稳定性和承载能力。除了加工精度外,钢筋的防锈和防腐处理也是不容忽视的重要环节。在施工过程中,钢筋往往会暴露在潮湿、氧化等环境中,容易受到腐蚀和锈蚀的影响。因此,需要对钢筋进行有效的防锈和防腐处理。常用的防锈处理方法包括喷涂防锈漆、表面涂覆防锈剂等。这些措施能够在钢筋表面形成一层保护膜,有效隔绝空气、水等腐蚀介质,从而延长钢筋的使用寿命。

2. 钢筋安装是主体结构施工的关键步骤

在安装钢筋的过程中,必须严格遵循“先主后次、分层分片”

的原则,以确保钢筋工程的顺利进行和最终质量。这一原则不仅体现了施工的逻辑性和有序性,更是对结构稳定性和安全性的保障。“先主后次”意味着在安装钢筋时,应优先处理主体结构的钢筋,确保主要受力构件的钢筋安装准确无误。在主体结构稳固的基础上,再逐步进行次要部位和细节的钢筋安装,确保整个结构的完整性和稳定性。“分层分片”原则是将钢筋安装工作细化,通过分层、分片的方式逐步推进。这有助于更好地控制钢筋的位置、间距和锚固长度,确保这些关键参数符合设计要求。同时,分层分片的方式也有助于减少施工过程中的混乱和错误,提高施工效率和质量。在注重钢筋连接方面,应确保连接牢固、可靠。钢筋的连接方式有多种,如绑扎、焊接、机械连接等,应根据具体情况选择合适的连接方式。

3. 钢筋焊接是保证主体结构安全的重要环节

在焊接工作中,确保焊接质量的首要前提是严格遵循焊接工艺要求。焊接方法的选择至关重要,它直接决定了焊接接头的质量。根据被焊材料的性质、厚度以及工作环境等因素,需要精心挑选合适的焊接方法,如手工电弧焊、气体保护焊、埋弧焊等。每种方法都有其特定的应用场景和优势,确保选择的方法能够最大程度地满足焊接需求。焊接材料的选择同样不容忽视。合适的焊接材料能够确保焊接接头的化学和物理性能与母材相匹配,从而保障焊接结构的整体性能。在选择焊接材料时,应充分考虑其化学成分、机械性能以及耐腐蚀性等特性,确保其与被焊材料兼容并满足焊接工艺要求。此外,焊接设备的选择也是确保焊接质量的关键环节。设备的性能和稳定性直接影响到焊接过程的顺利进行和焊接接头的质量。因此,在选择焊接设备时,应确保其具备高精度、高效率以及良好的可靠性，以应对各种复杂的焊接任务。

（二）模板工程

1. 模板设计是模板工程的基础

在设计主体结构模板时，必须全面考虑其形状、尺寸以及特定的施工要求，以确保模板的强度、刚度和稳定性达到标准。这些特性是模板设计的核心，直接关系到施工过程中的安全性和结构质量。模板的强度是指其抵抗外力破坏的能力，设计时需要根据主体结构的承载力和使用条件，选用合适的材料并合理设计结构，以保证模板在浇筑混凝土时不会发生变形或破坏。模板的刚度则是指其在受到外力作用时抵抗变形的能力。刚度良好的模板能够保持其形状和尺寸的稳定性，防止在浇筑过程中因变形而影响混凝土结构的准确性。稳定性是模板设计中另一个重要方面，它涉及模板在自重、混凝土侧压力、施工荷载等作用下的稳定性。设计时需要通过合理的支撑和固定措施，确保模板在施工过程中不发生倾覆或滑移。

2. 模板安装与拆除是模板工程的关键环节

在安装过程中，确保模板的垂直度、平整度和位置准确性是至关重要的。模板作为主体结构施工的重要辅助工具，其质量直接影响施工质量和效率。因此，在安装模板前，必须严格检查模板的尺寸、形状和质量，确保其符合设计要求。在安装过程中，要使用专业的测量工具和设备，对模板的垂直度、平整度进行精确测量和调整。垂直度方面，可以通过设置垂直控制线和使用水平仪等方式进行校正，确保模板的垂直偏差在允许范围内。平整度方面，则需要使用测量尺或激光测距仪等工具，对模板的平面度进行检测，及时对不平整的部位进行调整和修复。此外,模板的位置准确性也是不容忽视的。必须根据施工图纸和技术规范的要求,精确定位模板的位置,并使用定位销、螺栓等固定装置将其牢固固定。这样可以有效防止模板在浇筑混凝土过程中发生位移或变形,确保主体结构的尺寸和形状符合设计要求。

3. 安全防护措施是模板工程的重要组成部分

在施工过程中,确保施工人员的安全是至关重要的。为此,必须设置安全防护网、防护栏等安全设施,以提供有效的物理屏障,防止人员从高处坠落或遭受其他意外伤害。这些设施的设置应遵循相关安全规范,确保其坚固耐用,且安装位置合理,能够全面覆盖施工区域,为施工人员提供全方位的保护。除了设置安全设施外,还需要加强对模板支撑系统的检查。模板支撑系统是施工中不可或缺的临时设施,它支撑着混凝土模板和浇筑的混凝土,承受着巨大的荷载。因此,支撑系统的稳定性直接关系到施工安全。检查模板支撑系统时,应重点关注以下几个方面:一是检查支撑架的钢管是否连接牢固,是否有锈蚀、变形等现象;二是检查支撑架的布置是否合理,间距、高度等参数是否符合设计要求;三是检查支撑架的安全设施是否完好、牢固,如安全网、防护栏杆等是否设置得当。

(三)混凝土工程

1. 混凝土配比设计是保证混凝土质量的基础

在设计混凝土的过程中,对原材料的选择及配比至关重要。首要考虑的是混凝土的强度要求,它决定了结构的安全性和使用寿命。因此,应选用强度等级适当的水泥,确保混凝土能够承受预定的荷载。同时,对于水泥的品质也要进行严格把控,选择质量稳定、性能可靠的水泥品牌。其次,混凝土的耐久性也是不可忽视的因素。为了提升混凝土的耐久性,需要选用优质的砂、石等骨料,并控制其含泥量、粒径等关键指标。此外,还可以考虑添加适量的矿物掺合料和化学外加剂,如矿粉、粉煤灰、硅灰等,以改善混凝土的抗渗性、抗裂性和耐久性。除了强度和耐久性外,混凝土的工作性能也是设计过程中需要考虑的重要因素。工作性能包括流动性、黏聚性和保水性等,它决定了混凝土在施工过程中的易操作性和成型质量。

2. 混凝土浇筑是混凝土工程的关键环节

在混凝土的浇筑过程中,确保混凝土的均匀性和密实性是至关重要的。这不仅关系混凝土结构的整体强度,还影响其耐久性和使用寿命。为避免产生分层、离析等现象,必须采取一系列有效措施。控制原材料的质量和配比是关键,选择合适的水泥、砂、石等原材料,并严格按照设计要求进行配比,可以确保混凝土的均匀性和稳定性。浇筑过程中应控制浇筑速度和振捣时间,适当的浇筑速度可以确保混凝土在模板内均匀分布,避免产生空洞和裂缝。同时,通过振捣混凝土,可以使其内部的气泡和空隙逐渐减少,从而提高其密实度和均质性。振捣时间应根据混凝土的类型和配合比来确定,确保混凝土内部没有气泡和空隙。此外,注意施工环境对混凝土质量的影响。在高温环境下,混凝土会更快地凝固和硬化,因此需要更短的浇筑时间和更严格的施工控制。

3. 混凝土养护是保证混凝土强度和耐久性的重要环节

在混凝土的养护过程中,确保混凝土表面的湿润是至关重要的。为了达到这一目的,需要采取一系列有效的措施,包括覆盖、浇水和喷雾等。覆盖是养护过程中的一种常见方法，它可以通过使用草帘、麻袋、塑料薄膜等材料，将混凝土表面覆盖起来，以减缓水分的蒸发速度，保持混凝土表面的湿润状态。这种方法简单易行，成本较低，特别适用于大面积混凝土结构的养护。浇水也是一种有效的养护措施，特别是在气温较高、湿度较低的环境中。通过定期向混凝土表面浇水，可以补充混凝土在硬化过程中所需的水分，保持其湿润状态。浇水的时间间隔和浇水量应根据气温、湿度等条件进行合理调整，以确保混凝土表面始终处于湿润状态。喷雾养护则是一种更为先进的养护方法，它利用喷雾设备将水雾喷洒到混凝土表面，形成一层薄薄的水膜，从而达到保湿的效果。

（四）预应力工程

1. 预应力筋加工是预应力工程的基础

在加工预应力筋的过程中，遵循设计要求是至关重要的。首先，进行预应力筋的下料处理，这是根据结构的具体尺寸和孔道长度，精确计算并切割出所需长度的预应力筋。下料过程中，应使用合适的设备如剪切机，确保切口平整，避免产生毛刺和裂纹。接着，进行镦头处理。这一步骤的目的是增加预应力筋端部的强度，通常使用镦头机对钢筋两端进行镦头处理。在操作过程中，需要控制镦头的长度和直径，确保其与预应力筋的连接牢固可靠。然后是锚固处理。这通常涉及在梁端顶面凿出锚固槽，并在沿梁肋两侧方向按设计斜度钻孔。随后，安装由厚度适宜的钢板制成的锚固板，并用环氧砂浆将其固定在锚固槽内。

2. 预应力施加是预应力工程的关键环节

在施加预应力过程中，控制预应力筋的张拉力和伸长值是确保预应力结构质量和安全性的关键步骤。这要求施工团队必须严格遵循预先制定的施工方案和相关规范要求。首先,对预应力筋的张拉力控制是确保预应力结构达到设计性能的重要环节。施工团队应使用经过校准的张力计或其他张力测量设备,对预应力筋进行精确的张拉力控制。同时,张拉速度应控制在规定范围内,以保证预应力筋的均匀受力。其次,伸长值的控制同样重要。因此,施工团队应使用可靠的伸长值测量设备,对预应力筋的伸长值进行实时监测,确保其在规定范围内变化。此外,确保预应力设备的安全、可靠也是至关重要的。预应力设备是施加预应力的关键工序,其性能的好坏直接影响预应力结构的施工质量。

3. 预应力检测与调整是保证预应力工程质量的重要环节

在施工过程中,预应力筋的应力、伸长值等参数的检测是确保工程质量和安全性的重要环节。定期对预应力筋进行检测,能够及时发现并调整预应力的大小,避免出现过载或不足的情况,保证结构的稳定性和耐久性。检测预应力筋的应力,通常使用专业的应力传感器或应变计进行。这些设备能够精确测量预应力筋在受力过程中的应力变化,为预应力的调整提供准确的数据支持。除了对预应力筋的检测外,对锚固、张拉设备的检查和维护也是至关重要的。这些设备是预应力筋张拉和锚固的重要工具,其性能的好坏直接影响到预应力筋的张拉效果和结构的稳定性。

四、主体结构施工质量控制

(一)质量管理体系构建

在主体结构施工过程中,构建一套完善的质量管理体系是确保工程质量的基石。该体系涵盖质量管理机构、人员、控制措施及保证体系等多个方面。设立专门的质量管理机构是首要步骤,明确各级质量管理人员的职责和权限,确保质量管理工作的有序进行。同时,制定严格的质量控制措施,通过现场巡查、质量抽检等方式,对施工过程中的质量问题进行实时监控和记录,确保问题能够及时发现并得到妥善处理。此外,建立健全的质量保证体系也是必不可少的。这包括制订详细的施工质量控制计划,明确施工过程中的关键质量控制点,以及建立相应的质量监测和评估机制。通过这些措施,对施工过程中的各个环节进行全方位、多角度的监控,确保工程质量符合设计要求和规范标准。

(二)施工过程质量控制

施工过程质量控制是确保主体结构工程质量的基石。这涉及多个关键方面:首先,必须严格遵循施工工艺,确保每一步操作都符合施工图纸和技术规范,以保障结构的稳定性和耐久性。其次,施工材料、设备和施工人员的质量管理同样重要。必须确保材料质量达标、设备性能良好、施工人员技能过硬,这些都是影响工程质量的关键因素。同时,加强施工过程中的监督检查,对关键工序和重点部位进行严密监控,及时发现问题并进行纠正,防止质量隐患的产生。最后,积极开展质量培训,提升施工人员的技术水平和质量意识,让他们深刻理解质量的重要性,从而在施工中自觉遵循质量标准,共同保障工程质量的提升。

(三)施工验收标准与程序

施工验收是保障主体结构工程质量的关键步骤。验收标准必须严格遵循国家及地方的相关法规与规定,并结合具体工程实际情况进行细化。验收程序通常涵盖自检、互检、专检和终验等多个环节，确保每一个步骤都符合质量要求。在验收过程中，应特别关注结构安全这一核心要素，确保主体结构稳固、无安全隐患。同时，功能完善也是重要考量点，需要验证各项功能是否达到预期设计标准，满足使用需求。此外，观感质量亦不容忽视，它反映了工程的整体美观度和施工质量。若在验收过程中发现问题，必须立即进行整改，并持续跟踪整改效果，直至问题完全解决并满足验收标准。

五、主体结构施工安全与环保

（一）施工安全管理措施

在主体结构施工过程中，安全管理措施的重要性不言而喻。为确保施工现场的安全，首要任务是建立健全安全管理体系。这一体系应包括详细的安全规章制度，为施工人员提供明确的操作指导和安全标准，确保安全管理有序进行。同时，加强施工现场的安全巡查与监督是预防安全事故的关键。通过定期或不定期的巡查，能够及时发现潜在的安全隐患，并采取相应的措施进行整改，从而避免事故的发生。此外，对施工现场进行分区管理也是降低安全事故风险的有效手段。通过合理规划施工通道、作业区域及临时设施，可以确保施工现场秩序井然，减少人员与设备的交叉作业，降低因混乱导致的安全事故风险。

（二）施工现场环境污染防治

主体结构施工过程中，环境保护与污染防治是重要的责任。为了降低对环境的负面影响，施工现场应采取一系列措施。首先，采用封闭式施工,利用围挡、屏障等设施封闭施工现场,有效减少施工过程中的扬尘污染,保护周边空气质量。其次,选用低噪声设备是关键措施之一。在设备选型时,应优先考虑低噪声设备,并合理安排施工时间,避免在夜间或居民休息时间进行高噪声作业,以减轻噪声污染对居民生活的影响。同时,加强废水处理也是不可或缺的环节。施工现场应建立废水处理系统,对产生的废水进行收集、处理和再利用,确保废水排放符合相关标准,避免对水体造成污染。最后,妥善处理建筑垃圾也是实现资源化利用的重要途径。建筑垃圾应进行分类、回收和再利用,减少废弃物对环境的影响,并促进资源的循环利用。

(三)节能减排技术应用

在主体结构施工过程中,推广应用节能减排技术对于促进可持续发展和环境保护具有深远意义。优化施工工艺,通过改进施工技术和方法,提高能源利用效率,从而有效降低能源消耗。这不仅能够降低施工成本,还能为项目带来长期的经济效益。同时,采用绿色建筑材料是节能减排的重要措施之一。这些材料在生产和使用过程中具有较低的能耗和环境污染,有助于减少对环境的破坏。选择使用可再生或可循环的材料,不仅符合绿色建筑理念,还能提高项目的可持续性。此外,运用太阳能、风能等可再生能源,减少对传统能源的依赖,是实现低碳环保的关键途径。通过在施工现场安装太阳能热水器、风力发电设备等设施,可以有效降低碳排放,改善环境质量。

(四)施工人员安全教育与培训

在施工安全中,人员因素起着决定性的作用。为确保施工现场的安全,加强施工人员的安全教育与培训显得尤为关键。施工单位应当充分认识到这一点,并定期组织安全知识培训。这些培训旨在增强施工人员的安全意识,让他们深刻理解安全施工的重要性,并掌握相关的安全操作规程。除了理论学习,实操演练也是不可或缺的一环。通过模拟真实的施工场景,让施工人员在实际操作中学会如何正确应对各种突发事件,提高他们的应急处理能力。这样的安全教育与培训不应仅仅是一次性的活动,而应成为施工单位日常工作的一部分。通过持续不断的培训,确保每位施工人员都能够时刻保持高度的安全意识,严格遵守安全操作规程,从而降低施工现场安全事故发生的概率。

六、主体结构施工技术创新与发展

(一)新技术、新材料、新工艺应用

随着科学技术的飞速发展,主体结构施工技术不断创新,为建筑行业带来了革命性的变革。在新技术方面,3D 打印技术已逐渐应用于主体结构施工中,通过精确打印建筑模型、构件乃至整体结构,大幅提高了施工效率和质量。无人机辅助施工技术的引入,不仅快速、精确地收集施工现场数据,还实现了施工过程的实时监控和材料运输的自动化,进一步提升了施工效率。新材料的应用也为主体结构施工带来了显著优势。高强度、高性能的钢材和混凝土,以及新型复合材料如 FRP 等,不仅提高了结构的力学性能和耐久性,还降低了材料消耗和环境污染。这些新材料的应用,为建筑行业的可持续发展提供了有力支持。

(二)信息化技术在施工中的应用

信息化技术为现代主体结构施工注入了强大动力。通过构建施工信息管理系统,施工过程的实时监控、数据分析和信息共享得以高效实现,极大提升了施工管理的科学性和有效性。该系统能够实时追踪施工进度、质量及安全状况,确保施工过程的可控性和可追溯性。此外,BIM(建筑信息模型)技术的应用,为施工带来了更加精准和全面的信息支持。BIM 技术通过三维模型将建筑、结构、机电等各专业信息集成于一个平台,使设计、施工和运维各阶段的信息更加透明化。

(三)施工机器人与智能化施工

施工机器人和智能化施工技术正逐渐成为未来主体结构施工的核心发展趋势。目前,多种施工机器人已投入实际应用,如钢筋焊接机器人和混凝土浇筑机器人等。这些机器人能够在恶劣环境下进行高强度、高精度的作业,极大地提升了施工效率和质量。智能化施工技术同样展现出巨大的潜力。无人驾驶施工车辆能够自主导航、精准作业,有效减少人为误差,提高施工安全性。同时,智能监控设备通过实时监测施工过程中的各项参数,能够及时发现潜在问题,确保施工顺利进行。

第三节　防水与保温工程施工技术

一、防水工程施工技术

（一）防水材料选择

1. 沥青防水卷材

沥青防水卷材作为传统防水材料，在建筑行业中占据着重要地位。其出色的柔韧性、延伸性和耐腐蚀性，使其成为防水工程的理想选择。在施工过程中，根据建筑物的结构特点和使用要求，选择合适的沥青防水卷材至关重要。当前市场上，SBS 和 APP 是两种主要的改性沥青防水卷材类型。SBS 防水卷材，即乙烯基热塑性弹性体改性沥青防水卷材，不仅继承了传统沥青防水卷材的优点，还具备更优异的耐高温、低温柔韧性和抗老化性能。这使得 SBS 防水卷材在极端气候条件下仍能保持稳定的防水效果，尤其适用于寒冷地区。而 APP 防水卷材则是一种由聚合物材料制成的新型防水材料，它同样具备高强度、高韧性、高耐候性、耐腐蚀性和耐化学性等特点。APP 防水卷材可以在各种复杂环境中保持稳定的性能，适用于多种建筑工程的防水需求。

2. 高分子防水卷材

高分子防水卷材在当前的建筑防水领域占据着举足轻重的地位，其中尤以聚乙烯（PE）、聚氯乙烯（PVC）和氯化聚乙烯（CPE）等材料为代表。这些高分子材料以其独特的物理和化学性能，在建筑防水工程中发挥着重要作用。PE 卷材以其出色的抗拉强度和延伸性著称,能够承受较大的外力而不易断裂或变形,从而确保防水层的稳定性和持久性。同时,PE 卷材还具有良好的耐候性和抗紫外线性能,即使在恶劣的自然环境下也能保持稳定的防水效果。PVC 卷材同样以其优异的防水性能而受到广泛应用。这种材料不仅具有良好的柔韧性和耐候性,还具备出色的耐化学腐蚀性能,能够有效抵抗酸、碱等化学物质的侵蚀。因此,PVC 卷材在化学工厂、污水处理厂等场所的防水工程中尤为适用。CPE 卷材则是一种经过特殊处理的 PVC 材料,具有更好的耐候性和抗老化性能。这种材料在保持 PVC 卷材原有优点的基础上,进一步提高了防水层的持久性和稳定性。CPE 卷材适用于各种气候条件下的建筑防水工程,特别是在极端天气频繁的地区。

3. 防水涂料

防水涂料在建筑防水工程中扮演着举足轻重的角色,其中主要分为溶剂型和水性两大类。溶剂型防水涂料以其卓越的耐化学腐蚀性和抗老化性能而备受青睐。这种涂料能够长期抵御化学物质的侵蚀,同时经受住时间的考验,保持长久的防水效果。然而,尽管具有诸多优点,但溶剂型防水涂料在环保性能方面稍显不足,其使用过程中可能产生的有害物质排放对环境造成一定压力。相对而言,水性防水涂料在环保方面表现更为出色。它以水为稀释剂,无毒无味,对环境友好。在施工过程中,水性防水涂料不会产生有害气体,降低了对施工人员的健康风险。此外,水性防水涂料还具有施工方便的优点,能够直接涂刷在基面上,快速形成防水层。

（二）防水施工工艺

1. 基层处理

基层处理在防水施工中占据着举足轻重的地位，它直接关系到防水层的施工质量和使用寿命。一个优质的基层处理能够确保防水层与基层之间的紧密贴合，从而达到理想的防水效果。在进行基层处理时，首要任务是对基层进行彻底的清理。这包括清除基层表面的灰尘、油污、杂物等，确保基层的干净、整洁。同时，对于基层上的起砂、起皮等现象，也需要进行及时的修补和处理，以保证基层的平整度和坚实度。找平是基层处理的另一个重要环节。通过使用专业的找平材料，如水泥砂浆、细石砼等，对基层进行找平处理，确保基层表面的平整度达到施工要求。这有助于防水层在施工时能够均匀涂布，避免出现厚度不均、空鼓等问题。

2. 防水层施工

在防水层的施工过程中，根据所选用的防水材料，必须采用相应的施工工艺以确保防水效果。以下是对不同防水材料及其施工工艺的概述：沥青防水卷材的施工需要进行精心预铺和正式铺贴。预铺时，要确保基层平整、干燥，并去除任何可能影响黏合的杂质。然后，根据设计要求，将卷材预铺在基层上，用专用的工具或方法将其固定。正式铺贴时，要使用专用的沥青涂料或热熔胶进行层压施工，确保卷材与基层之间的黏合牢固，无气泡和空隙。对于高分子防水卷材，由于其具有高强度、高延伸性和良好的耐候性，施工时通常采用热熔焊接或黏合剂黏接的方法。热熔焊接通过专用的焊接设备将卷材的接缝处加热至熔化状态，然后迅速压合，使其熔为一体。而黏合剂黏接则是将专用的黏合剂均匀涂抹在卷材的接缝处，然后将卷材压合，使其紧密贴合。

二、保温工程施工技术

（一）保温材料选择

1. 无机保温材料

无机纤维状保温材料在建筑保温隔热工程中扮演着重要角色，其中岩棉、玻璃棉和硅酸铝棉是常见的几种。这些材料以其独特的性能优势，如不燃、防火、耐高温以及低吸湿率，成为保温隔热工程的理想选择。岩棉作为一种无机保温材料，主要由天然岩石熔融后制成，不仅防火、耐高温，而且抗腐蚀性和耐久性优异。玻璃棉则以玻璃纤维为原料制成，具有优良的隔热性能和防火性能，同时保持稳定的性能，并具有一定的吸音能力。硅酸铝棉则以硅酸铝纤维为主要成分，具备高温稳定性、良好的保温隔热性能和较低的导热系数，是一种公认的保温材料。

2. 有机保温材料

在建筑领域，聚苯板（EPS）、挤塑聚苯板（XPS）以及聚氨酯泡沫等保温材料因其卓越的性能而广受欢迎。这些材料不仅具备良好的保温性能，而且轻质、易施工，大大提高了施工效率。聚苯板（EPS）是一种可发性聚苯乙烯板，具有闭孔结构，能够有效阻止热传导，达到保温效果。同时，其轻质的特点也便于搬运和施工。挤塑聚苯板（XPS）则是通过挤塑压出成型而制造的硬质泡沫塑料板，内部为独立的密闭式气泡结构，具有高热阻、低线性膨胀率的特性，其保温效果更为出色。聚氨酯泡沫则是通过异氰酸酯和聚醚为主要原料，在多种助剂的作用下，通过专用设备混合、高压喷涂现场发泡而成的高分子聚合物。其导热系数低,保温性能优良,同时具有良好的防水和防腐性能。

3. 复合保温材料

无机保温材料与有机保温材料的复合技术,为建筑保温领域带来了革命性的创新。通过将岩棉、玻璃棉等无机材料与聚苯板等有机材料结合,诞生了诸如岩棉聚苯板、玻璃棉聚苯板等复合保温材料。这些新型材料不仅继承了无机材料的出色防火性能,还融合了有机材料卓越的保温性能,展现出卓越的综合性能。复合保温材料在防火方面表现尤为突出。无机材料如岩棉、玻璃棉本身即具备不燃性,能有效抵御火灾的侵袭。与此同时,有机保温材料如聚苯板也因其特殊的制作工艺而具备较好的阻燃性能,两者结合,使得复合保温材料在防火方面达到了新的高度。

4. 新型保温材料

真空绝热板和气凝胶等材料在保温领域具有显著的优势,它们以极低的导热系数和优异的保温性能脱颖而出。真空绝热板通过其独特的真空绝热技术,使得材料内部的热量传递被极大的抑制,从而实现了高效的保温效果。其导热系数远低于传统保温材料,甚至可以达到 0.005 W/(m·K)以下,保温效果提升 5~8 倍,甚至更好于价格更昂贵的新材料气凝胶。气凝胶则以其极低密度、超高孔隙率、低折射率、低热导率等特性,成为保温领域的佼佼者。其导热系数也非常低,是目前已知的隔热、保温性能好的材料之一。然而,尽管真空绝热板和气凝胶等材料的保温性能优异,但由于其成本较高,目前尚未得到广泛应用。

（二）保温施工工艺

1. 保温层施工

在建筑物的保温施工中，保温材料的铺设是关键环节，必须严格遵循设计要求进行。首先，铺设厚度是保温效果的基础，必须按照设计要求精确控制。不同地域、不同气候条件以及不同的保温材料都会影响到保温层的厚度设计，因此，施工前应仔细研究设计方案，确保铺设厚度符合实际需求。其次，平整度是保温层质量的重要体现。保温层表面应平整无凹凸，与基层表面紧密贴合，避免出现缝隙或气泡。在施工过程中，应采用适当的工具和技术手段，确保保温层的平整度满足要求。最后，黏结强度是保证保温层稳定性的关键。保温材料与基层之间的黏结强度应足够强，以抵抗外界环境的侵蚀和破坏。

2. 保温层固定

保温层的稳定性对于建筑物的能效和长期性能至关重要。为了确保保温层能够长期、有效地发挥其作用，必须采用专用的锚固件或黏结砂浆对保温材料进行固定。锚固件，作为一种机械固定方式，能够直接将保温材料牢固地固定在基层上。在固定过程中，需要注意锚固件的数量和深度，以确保保温层与基层之间形成紧密、均匀的接触。合理的锚固件数量和深度能够确保保温层在受到外力或温度变化时不易发生移位或脱落，从而提高保温层的稳定性。除了锚固件外，黏结砂浆也是一种常用的保温材料固定方式。黏结砂浆能够有效地填补保温层与基层之间的微小缝隙，形成强大的黏结力。在固定时，需要确保黏结砂浆的涂抹均匀、连续，并且与保温材料和基层充分接触。

3. 保温层保护

在施工过程中,对保温层的有效保护至关重要,这直接关系到保温层的性能和建筑物的长期效益。首先,要防止水分和灰尘的侵入,这需要在施工前确保基层干燥、清洁,避免在潮湿或污染的环境下进行保温层的铺设。同时,可以采取适当的防水措施,如涂刷防水涂料或铺设防水膜,以隔绝水分和灰尘的渗透。施工完成后,对保温层的保护同样不容忽视。保温层作为建筑物的重要组成部分,其性能直接影响到建筑物的保温效果和使用寿命。因此,必须采取措施防止保温层受到机械损伤。一方面,要避免在保温层表面进行重物堆放、车辆碾压等作业,防止直接对保温层造成破坏。另一方面,可以在保温层表面覆盖一层保护材料,如塑料薄膜、纸板等,以减少外界因素对保温层的损伤。

4. 施工质量控制

保温工程在施工过程中,必须严格遵循国家及行业的相关规范和标准,确保每一步操作都符合质量要求。这不仅是对建筑物的安全保障,更是对业主负责的表现。施工过程中,质量检查是不可或缺的一环。从材料进场到施工各个环节,都需要进行严格的质量把控。对于保温材料,要检查其品牌、规格、质量证明文件等是否齐全,并抽样检验其性能是否符合设计要求。对于施工工艺,要检查其是否按照既定的施工方案进行,是否存在偷工减料、违规操作等现象。一旦发现问题,必须立即整改。对于材料问题,要及时更换不合格的材料,确保使用的材料都是符合要求的。对于工艺问题,要立即停工,找出问题所在,并进行整改。

第四章 建筑工程质量事故分析与预防

第一节 质量事故的原因分析与责任划分

一、建筑工程质量事故原因分析

（一）设计阶段原因

1. 设计缺陷

设计缺陷，这一术语指的是在建筑设计中潜在的问题或不足之处，它们可能悄无声息地隐藏在精心设计的建筑蓝图中，却对建筑的安全与使用造成深远的影响。这些问题的根源多种多样，有时可能是因为设计师的专业知识或技能尚未达到炉火纯青的地步，有时则是因为设计师在应对复杂情况时经验尚浅，难以做出最佳判断。还有一种可能是设计师对于行业规范、建筑法规以及相关的技术标准理解得不够深入，导致在实际操作中出现了偏差。设计是一项需要高度专业知识和精细考虑的工作，它不仅仅关乎建筑的美学价值，更涉及建筑的结构安全、使用功能以及长期运营的可持续性。一个微小的设计失误，可能会在未来的建筑使用过程中被无限放大，进而演变为严重的安全隐患。比如，承重结构的计算错误可能导致建筑物的承载能力大打折扣，电气线路设计的不合理可能引发火灾，而排水系统设计不当则可能造成水患。此外，设计缺陷还可能影响建筑物的使用效率和舒适度。例如，如果建筑的通风和采光设计不佳，长期在此环境下工作和生活的人们可能会感到不适，甚至影响到他们的健康。同样，如果建筑的交通流线设计不合理，可能会导致人流拥堵，降低空间的使用效率。更为严重的是，设计缺陷有时并不立即显现，而是在建筑物投入使用一段时间后才逐渐暴露出来。这种情况下，修复缺陷往往需要付出巨大的经济和时间成本，有时甚至需要对建筑进行大规模的改造或重建。

2. 设计标准不明确

设计标准是建筑工程中不可或缺的一环，它是确保工程质量、安全和经济效益的关键依据。然而，在实际操作中，设计标准可能存在不明确、不完善的问题，这些问题给设计人员带来了极大的困扰，也为整个工程埋下了质量事故的隐患。一方面，设计标准的不明确性表现在多个方面。例如，标准中可能缺乏具体的参数设置、材料选择指导或施工细节说明，使得设计人员在面对具体问题时感到无所适从。这种模糊性不仅影响了设计的准确性和可操作性，还可能导致不同设计人员对同一标准的理解产生偏差，进而在设计实施过程中出现混乱。另一方面，设计标准的不完善也是一个亟待解决的问题。由于建筑工程的复杂性和多样性，设计标准往往难以覆盖所有可能遇到的情况。这就要求标准制定者具备前瞻性和全面性，能够预见到各种潜在的设计挑战，并在标准中给出相应的指导和建议。然而，在现实中，这种完善性往往难以实现，导致设计人员在遇到标准未涉及的问题时缺乏明确的指导。设计标准的不明确和不完善对建筑工程质量产生了深远的影响。首先,它增加了设计人员的工作难度和不确定性。在没有明确标准指导的情况下,设计人员可能需要依靠个人经验和直觉来做出决策,这无疑增加了设计的风险。其次,这些问题也可能导致施工过程中的混乱和误差。施工人员可能无法准确理解设计意图,从而在施工过程中产生偏差,影响工程的质量和安全。

(二)施工阶段原因

1. 施工管理不善

施工管理在建筑工程中的重要性不言而喻,它是确保工程质量、进度和安全的关键所在。施工管理涉及工程项目的方方面面,从最初的施工准备到最终的竣工验收,每一个环节都离不开精心组织和科学管理。然而,当施工管理不善时,其后果也是显而易见的。施工现场秩序混乱是施工管理不善的直观体现。没有有效的管理,施工现场可能会变得杂乱无章,材料随意堆放,工人操作不规范,这不仅影响了施工效率,还可能给工人的安全带来隐患。例如,杂乱的施工现场容易造成工人跌倒、碰撞等意外事故,同时也会使得工程材料受损或浪费。施工进度和质量难以保证也是施工管理不善的必然后果。没有合理的施工计划和严格的进度控制,工程项目很容易陷入拖延,甚至超期。这不仅会增加工程成本,还会影响到项目的整体效益。同样,施工质量的控制也是施工管理的重要职责。如果管理人员对工程质量的认识不足,放松了对施工质量的监督,那么工程质量问题就会随之而来。比如,混凝土配合比不准确、钢筋加工和绑扎不规范等,这些问题都将直接影响到建筑物的结构安全和使用寿命。更为严重的是,施工管理人员对工程质量的认识不足可能导致质量事故的发生。这种认识不足可能源于管理人员的专业水平有限,或者是对工程质量重要性的忽视。质量事故一旦发生,不仅会造成人员伤亡和财产损失,还会给企业的声誉和未来发展带来严重影响。

2. 施工操作不规范

施工操作不规范是建筑工程中一个严重的问题,主要体现在施工人员对施工工艺和施工方法掌握得不熟练,以及在施工过程中出现的违规操作。这些问题可能对建筑物的质量、结构稳定性、使用寿命和安全性产生深远的影响。施工人员对施工工艺和施工方法的不熟练,往往源于培训不足或经验缺乏。在快速发展的建筑行业里,新的施工工艺和方法不断涌现,但如果施工人员没有得到及时有效的培训,就很难熟练掌握这些技术。不熟练的施工操作可能导致建筑物的结构不稳定,如混凝土浇筑不均匀、钢筋连接不牢固等,这些都会影响到建筑的整体质量。除了不熟练的操作,施工过程中的违规操作也是一个不容忽视的问题。一些施工人员为了节省时间或降低成本,可能会采取一些违反施工规范的操作,如使用不合格的建筑材料、省略重要的施工步骤、超负荷作业等。这些违规操作不仅会降低建筑物的使用寿命,还可能直接导致安全事故的发生。施工操作不规范带来的后果是多方面的。结构不稳定可能导致建筑物在自然灾害如地震、风暴中更容易受损。使用寿命缩短则意味着建筑物需要更早地进行大修或更换,增加了维护成本。而安全事故的发生更是会给人们的生命和财产带来巨大损失。

3. 施工材料不合格

①采购环节的疏忽

在建筑工程的采购环节中,充分的市场调查和供应商评估扮演着举足轻重的角色。这一步骤的缺失,可能会带来一系列潜在的风险和隐患。如果缺乏对市场的深入了解和供应商的严格评估,那么采购到的材料质量很可能无法达标,这无疑会给整个建筑工程埋下安全隐患。这种疏忽往往源于对供应商资质审查的不严格。在供应链中,可能存在一些并不具备生产合格材料能力的供应商,他们可能通过各种手段混入其中,试图以次充好。如果采购方在筛选供应商时未能进行充分的调查和评估,就很容易被这些不良供应商所蒙蔽,导致采购到质量低劣的材料。同时,采购人员对材料性能指标的了解程度也至关重要。建筑工程所需的材料种类繁多,每种材料都有其特定的性能指标和用途。如果采购人员对这些性能指标了解不足,就难以准确判断材料的质量优劣。在缺乏足够专业知识的情况下,采购人员可能会误将劣质材料当作优质材料采购,从而给工程带来质量隐患。另外,价格与质量之间的权衡把握也是一个需要特别注意的问题。在采购过程中,价格往往是一个非常重要的考虑因素。然而,如果采购人员过于注重价格而忽视质量,就可能会陷入短视的陷阱。虽然降低成本可以带来短期的经济收益,但长期来看,这种短视行为可能会给工程带来更大的损失。劣质材料不仅会影响工程的质量和安全,还可能导致后期维修成本的增加,甚至可能引发法律纠纷和声誉损失。

②材料供应商的质量问题

材料供应商的质量问题在建筑工程领域中扮演着举足轻重的角色,其直接影响着施工材料的品质,进而关联到整个建筑工程的质量和安全性。在市场经济的大背景下，追求利润最大化是许多企业的核心目标，但这也带来了一些负面影响。部分供应商为了降低成本、提高利润空间，可能采取不合规的手段，如使用劣质原材料、降低生产工艺标准等，这种行为无疑是对材料质量的极大损害。劣质原材料的使用可能导致建筑材料的强度、耐久性、耐候性等关键性能下降，从而影响建筑工程的整体质量和稳定性。同时，降低生产工艺标准也可能引发一系列问题，如生产过程中的控制不严格、产品质量不稳定等，这些都可能使最终产品难以满足设计要求或国家标准。此外，供应商的质量管理体系是否健全也是决定材料质量的关键因素。一个完善的质量管理体系应当涵盖原材料的采购、生产加工、成品检测以及售后服务等各个环节，确保每一个环节都能得到严格的质量控制和监督。然而，如果供应商的质量管理体系存在缺陷或执行不到位，那么即使使用了优质的原材料和先进的生产工艺，也难以保证最终产品的稳定性和可靠性。

4. 施工环境因素

①气候因素

气候条件在建筑工程中扮演着不可忽视的角色，对施工过程具有显著的影响。极端气候现象，如强风、暴雨、高温或酷寒，都可能对施工进度和质量带来严重的挑战。强风天气对施工过程的影响尤为显著。在这种条件下，风力可能强劲到足以导致施工设备移位，造成潜在的安全隐患。此外，强风还可能吹散施工现场的材料，增加材料损失和清理成本。更为严重的是，强风对施工人员的人身安全构成直接威胁，增加了工作环境的危险性。暴雨天气同样对施工过程带来重大挑战。大量的雨水会导致施工现场泥泞不堪，影响施工设备的正常运行和施工人员的工作效率。同时，积水还可能对材料的保存造成不利影响，如导致材料受潮、变质等。这些问题都可能对施工进度和质量产生负面影响。高温天气对施工过程的影响也不容忽视。在高温环境下，混凝土等建筑材料的凝结时间可能缩短，进而影响结构的稳固性和耐久性。此外，高温还可能导致施工设备的过热和损坏，影响施工进度和效率。对施工人员而言，高温环境下工作极易导致中暑等健康问题，增加安全风险。酷寒天气对施工过程的影响同样值得关注。在极低的温度下，许多建筑材料可能会变得脆弱和易碎，降低施工质量和安全。此外，酷寒还可能影响施工设备的正常运行和施工人员的工作效率。

②地质因素

地质条件在建筑工程施工中扮演着举足轻重的角色，复杂的地质条件常常为施工过程带来极大的挑战。这些挑战不仅考验着工程师的智慧，也关乎着建筑物的稳定性和安全性。软土层是一种常见的复杂地质条件，其特点是土壤含水量高、压缩性大、承载能力低。在这样的地质条件下施工，地基的稳定性难以保证，可能导致建筑物出现沉降、倾斜甚至倒塌。因此，针对软土层，需要采取一系列的地基处理措施，如桩基、地基加固等，以增强地基的承载能力和稳定性。

断层和岩溶则是另一种复杂的地质条件，断层是地壳中岩石发生破裂并沿破裂面两侧发生显著相对位移的地质构造，而岩溶则是地下水对可溶性岩石进行溶蚀和侵蚀作用所形成的地表和地下形态的总称。这些地质构造的存在，不仅可能影响地下结构的稳定性，还可能引发地质灾害，如地面塌陷、溶洞坍塌等。

在施工前，必须进行详细的地质勘探，了解地质构造的分布和性质，设计合理的施工方案，确保施工过程中的安全。地震活动频繁的地区也需要特别考虑抗震设计。地震是一种破坏力极强的自然灾害，它可能导致建筑物倒塌、道路断裂、桥梁损毁等严重后果。所以，在地震活动频繁的地区，建筑物的设计必须考虑抗震因素，采用抗震技术和材料，提高建筑物的抗震能力。同时，在施工过程中，也需要采取相应的抗震措施，如设置抗震缝、加强结构连接等，以确保建筑物的结构安全。

（三）监理阶段原因

1. 监理不到位

监理在建筑工程中扮演着举足轻重的角色，它是确保工程质量、安全、进度和成本得到有效控制的关键因素。然而，当监理不到位时，其潜在的负面影响不容忽视，其中最直接且严重的就是施工现场的违法违规行为可能无法及时发现和纠正，进而埋下质量事故的隐患。在建筑工程中，监理单位受建设单位的委托，依据国家法律法规、技术标准以及施工合同等，对工程施工过程进行全过程监督和管理。监理的职责涵盖了质量控制、进度控制、成本控制以及合同与信息管理等多个方面。其中，质量控制是最为核心的一环，它要求监理人员对施工现场的每一道工序、每一种材料都进行严格的把关，确保施工质量符合设计要求和相关标准。然而，当监理不到位时，这一系列的监督和管理措施就可能形同虚设。施工现场的违法违规行为，如偷工减料、以次充好、擅自更改设计方案等，就可能趁机滋生。这些行为不仅严重影响了工程质量，还可能危及人民群众的生命财产安全。更为严重的是，一旦这些违法违规行为未能及时发现和纠正，它们就像一颗颗定时炸弹，随时可能引发质量事故，给社会带来不可估量的损失。监理不到位的原因可能多种多样,如监理单位的人力资源不足、监理人员的专业素质不高、监理过程中的沟通不畅等。

2. 监理人员素质不高

监理人员在建筑工程中扮演着举足轻重的角色,他们的专业素质和责任心直接关系工程质量的好坏。监理人员的任务是确保施工过程符合设计规范,材料质量达标,以及整个工程的安全性。然而,如果监理人员的专业素质不高,那么监理工作很可能流于形式,难以有效地发现和解决工程质量问题。专业素质是监理人员能否胜任工作的关键。这包括了对建筑法规、施工流程、材料性能等方面的深入了解和掌握。一个专业素质高的监理人员,能够准确判断施工过程中的各种技术问题,及时发现并指出潜在的工程隐患。相反,如果监理人员专业素质不足,他们可能无法准确识别施工中的问题,甚至对于一些明显的质量缺陷也会视而不见,这无疑会给工程带来巨大的质量风险。除了专业素质,监理人员的责任心也至关重要。

责任心强的监理人员会时刻关注工程的每一个环节,从材料进场到施工完成,他们都会保持高度的警惕和严谨的态度。他们会主动与施工方沟通,确保每一个细节都符合工程要求。在发现问题时,他们会及时提出整改意见,并跟进整改进度,直至问题得到妥善解决。而责任心不强的监理人员,可能会对施工过程中的问题视而不见,或者即使发现问题也不愿意得罪施工方,导致问题得不到有效解决,最终影响工程质量。监理人员素质不高的问题,可能源于多个方面。一方面,可能是监理单位在选拔人才时标准不严,导致一些不具备专业素质的人员进入了监理队伍。另一方面,也可能是监理单位对监理人员的培训和考核不够重视,使得他们的专业素质和责任心得不到有效提升。

3. 监理制度不完善

监理制度作为建筑工程质量管理体系中的核心组成部分,其完善与否直接关系到监理工作的效能与工程项目的质量安全。一个健全且高效的监理制度,能够为监理工作提供明确的指导,确保各个环节得到有效监控,从而保障建筑施工的顺利进行。然而,监理制度不完善所引发的问题同样不容忽视。监理制度不完善最直接的影响就是监理工作的有效性大打折扣。制度缺陷可能导致监理流程不明确,监理标准和规范不统一,甚至存在诸多漏洞。在这样的环境下,监理人员难以依据明确的制度框架开展工作,往往只能凭借个人经验进行判断,这无疑增加了工作的主观性和不确定性。当遇到复杂或突发情况时,缺乏制度支持的监理工作更容易陷入被动,难以及时做出准确判断和应对。此外,监理制度的不完善还会导致监理工作缺乏针对性。建筑工程项目各具特点,不同的工程项目需要不同的监理策略和方法。一个完善的监理制度应当能够根据不同项目的实际情况,为监理工作提供个性化的指导方案。然而,制度不完善时,监理工作往往只能遵循一成不变的流程和规范,难以灵活应对各种工程项目的特殊需求,从而影响了监理工作的实际效果。更为严重的是,监理制度不完善还可能导致监理责任不明确。在制度不健全的情况下,各个环节的职责划分可能模糊不清,一旦出现质量问题或安全事故,很难追究相关人员的责任。这种责任的不明确不仅会影响监理工作的严肃性和权威性,更可能导致整个监理体系形同虚设,无法真正发挥其应有的作用。

二、建筑工程质量事故责任划分

（一）设计单位责任

1. 设计单位管理不善

设计单位在项目实施过程中的管理状况对设计成果的质量有着至关重要的影响。管理不善不仅会损害设计单位的声誉，更可能对整个项目的安全性、稳定性和实用性造成长期的不良影响。为了确保设计成果的高标准与高质量，设计单位必须重视内部管理制度的建设和完善。规范化、科学化的设计流程是保障设计质量的基础。这包括明确各设计阶段的任务和目标，设立严格的校对和审核机制，以及确保设计人员的专业能力和职业素养。只有当每一个环节都经过精心组织和周密计划，才能最大限度地减少设计失误和漏洞。然而，在现实中，部分设计单位的管理状况却令人担忧。混乱的管理不仅体现在设计流程的随意性和不规范性上，更反映在对设计人员的培训、监督和激励机制的缺失上。这种管理上的疏忽和漏洞往往会导致设计成果出现严重质量问题，如结构不合理、功能不完善、安全隐患多等。这些质量问题一旦转化为实际的工程，就会给项目的整体质量和安全带来极大风险。更为严重的是，这些问题可能在项目完工后的很长一段时间内才会被发现，届时修复和改造的成本将成倍增加，甚至可能引发不可预测的安全事故。

2. 设计人员素质不高

设计人员是建筑工程的蓝图绘制者，他们的专业素质和责任心直接关系到工程质量。在预防工程质量事故的各个环节中，设计人员的作用举足轻重,可谓是第一道坚实的防线。因此,设计人员的专业素养和实践经验显得尤为重要。如果设计人员的专业素质不足,缺乏必要的专业知识和实践经验,那么在复杂多变的设计过程中就极易出现失误。这些失误可能涉及结构安全、使用功能、材料选择等多个方面,每一个小错误都可能成为未来工程质量事故的隐患。例如,对地质条件了解不足可能导致基础设计不合理,对材料性能掌握不准确可能使得结构强度达不到预期,对施工工艺不熟悉则可能造成施工图纸与实际施工脱节。此外,设计人员的责任心也是不容忽视的因素。一个具有高度责任感的设计师,会在设计过程中反复推敲、精益求精,力求使每一个细节都尽善尽美。相反,责任心不强的设计人员可能只满足于完成任务,而忽视了设计中可能存在的风险和问题。

3. 设计成果审核不严

设计成果审核在确保整个设计流程的质量中扮演着举足轻重的角色。审核环节是对设计工作的最后把关,其重要性不言而喻。一个严格而细致的审核能够及时识别设计中的不足与错误,从而在问题演变成实际工程质量事故之前加以纠正。然而,当审核人员对设计成果的审核态度不够严谨,或者由于种种原因未能全面、深入检查设计时,就会埋下潜在的质量隐患。这些隐患可能涉及结构安全、使用功能、材料选择等多个方面,每一个细节都关乎工程最终的质量和使用寿命。审核不严可能源于多种原因,如审核人员专业知识不足、对设计规范理解不透、工作压力大导致时间紧审核仓促等。但无论何种原因,审核环节的任何疏忽都可能给项目带来不可估量的风险。一旦这些未被发现的设计问题进入施工阶段,不仅会导致工程质量不达标,还可能造成安全事故,给人们的生命财产安全带来严重威胁。

（二）施工单位责任

1. 施工单位管理不善

施工单位在建筑工程中扮演着至关重要的角色，其管理水平和施工质量直接关系整个工程的成败。然而，若施工单位在施工过程中管理不善，将会导致施工质量失控，进而可能引发一系列的问题和风险。管理不善可能体现在多个方面，如施工组织设计的不合理、施工计划的随意更改、施工现场的混乱无序、对材料和设备的质量控制不严等。这些问题都会直接或间接地影响到施工质量。例如，施工组织设计不合理可能导致工序之间的衔接不畅，造成工期延误和施工质量下降；施工计划的频繁更改会打乱正常的施工节奏，增加质量管理的难度；施工现场的混乱无序则可能引发安全事故，同时也不利于施工质量的控制。

2. 施工人员素质不高

施工人员的素质是施工质量的核心要素，其重要性不容忽视。在施工过程中，施工人员的专业技能、知识储备和工作态度直接影响着每一个施工环节的质量。如果施工人员的素质不高，那么他们在施工过程中就可能出现各种操作失误，这些失误不仅会影响工程的进度和效率，更严重的是，可能会引发工程质量事故，给人们的生命和财产安全带来极大的威胁。技能不足是导致操作失误的主要原因之一。施工人员如果缺乏必要的专业技能，就难以准确理解和执行施工图纸和技术规范的要求。这可能会导致施工过程中的误差和偏差，进而影响整个工程的质量。例如，在混凝土浇筑过程中，如果施工人员对混凝土的配比、浇筑和养护等关键技术掌握不够熟练,就可能导致混凝土出现裂缝、麻面等质量问题。除了技能不足,知识储备的匮乏也是一个重要的问题。施工人员需要了解建筑材料、施工工艺、工程结构等多方面的知识。如果他们的知识储备不足,就难以应对施工过程中遇到的各种复杂问题。在遇到突发情况时,他们可能无法做出正确的判断和应对,从而导致工程质量事故的发生。此外,施工人员的工作态度也至关重要。一个认真负责的施工人员会更加注重施工质量和安全,而一个马虎大意的施工人员则可能忽视施工过程中的细节和安全隐患。因此,施工单位在选拔施工人员时,不仅要考查他们的技能和知识,还要关注他们的工作态度和责任心。

3. 施工过程质量控制不力

施工过程中的质量控制对于防范工程质量事故具有至关重要的作用。施工单位有责任且必须强化对施工过程的质量监控,以确保施工品质满足设计要求。但遗憾的是,在现实操作中,部分施工单位在质量控制环节表现欠佳,这直接诱发了工程质量问题甚至事故。质量控制不严可能源于多方面原因,如管理体系不完善、施工人员技术水平不足或质量意识淡薄等。这些问题若不被及时识别和纠正,将对工程的整体质量和安全性构成严重威胁。

(三)监理单位责任

1. 监理单位管理不善

监理单位在工程质量事故预防中扮演着举足轻重的角色。他们的职责是对施工过程进行全面监督,确保施工质量符合设计要求和相关标准,从而防范工程质量事故的发生。然而,如果监理单位管理不善,未能尽职尽责,那么施工过程中的质量问题可能无法被及时发现和纠正，这将极大地提高工程质量事故的风险。监理单位的管理不善可能表现为监督不严格、检查不细致、对问题反应迟钝等方面。这些问题将严重影响监理工作的有效性，使得施工过程中的潜在质量问题得以滋生和蔓延。一旦这些潜在问题爆发，就可能引发连锁反应，导致整个工程系统的崩溃，最终造成无法挽回的损失。

2. 监理人员失职

监理人员的失职确实是工程质量事故的重要原因之一。在工程建设中，监理人员担任着至关重要的角色，他们的职责是对施工过程进行全面、严格的监督，确保施工质量和安全。然而，在实际工作中，部分监理人员由于责任心不强，未能充分履行其监督职责，进而导致了工程质量事故的发生。监理人员的失职可能表现为对施工过程的监控不严格，对施工质量的把关不严，以及对安全隐患的忽视。这种失职行为往往源于监理人员缺乏职业素养、责任心不强或受到其他利益驱动。当监理人员对施工过程的监督流于形式，或者对施工单位的违规行为视而不见时，工程质量就难以得到保障。工程质量事故一旦发生，其后果往往是严重的，不仅可能造成人员伤亡和财产损失，还会对工程的整体质量和安全性产生深远影响。而这些事故的背后，往往与监理人员的失职密切相关。因此，提高监理人员的责任心和职业素养，加强对监理工作的监管，是预防工程质量事故的重要措施之一。

3. 监理制度不健全

监理制度是确保工程质量不可或缺的一环。其通过专业监理团队对施工过程进行全面、细致、实时的监督，旨在及时识别并纠正任何可能影响工程质量的问题。然而，如果监理制度存在缺陷或不健全，那么监理工作的效果将大打折扣，工程质量事故的风险也会随之增加。一个健全的监理制度应包括明确的监理职责、科学的监理方法、有效的问题处理机制等。当监理制度不完善时，监理人员可能无法明确自己的工作内容和责任范围，导致监理工作出现漏洞或重复劳动。同时，缺乏科学的监理方法会使监理人员难以对施工过程进行全面、客观的评价，进而无法及时发现和纠正施工中的问题。此外，若问题处理机制不健全，即使监理人员发现了问题，也难以得到有效的解决，这将严重威胁工程的质量和安全。

第二节　质量事故的预防措施与处理方法

一、建筑工程质量事故预防措施

（一）加强设计管理

1. 设计质量控制

建筑工程设计阶段在确保整个工程质量方面扮演着举足轻重的角色。设计质量控制不仅关乎建筑的安全与稳定，还直接影响着工程的使用寿命和效益。因此，从项目伊始，就必须对设计质量进行严格把控。合理确定设计任务和目标是设计质量控制的基石。这意味着要明确工程设计的核心目的和所需达到的标准。一个清晰、具体的设计任务书，能够为设计人员提供明确的指导，确保设计工作不偏离方向。同时，设计还必须符合国家相关的标准和规范，这是保证工程安全、符合行业要求的基本前提。设计人员的责任心和专业素养对于设计质量至关重要。强化设计人员的责任心,就是要使他们充分认识到自己的设计成果将直接关系到成千上万人的生命安全,以及巨大的社会经济效益。这种责任感能够促使设计人员在工作中更加细心、严谨,不放过任何一个可能影响工程质量的细节。与此同时,提高设计人员的专业素养也是必不可少的。一个优秀的设计师不仅需要具备扎实的专业知识,还需要有敏锐的市场洞察力和创新思维。通过不断的学习和实践,设计人员可以不断提升自己的设计水平,从而为工程质量提供更加坚实的保障。采用先进的设计理念和方法,是提高设计方案合理性和科学性的关键。随着科技的进步,越来越多的新材料、新技术被应用到建筑设计中。这要求设计人员必须与时俱进,积极学习和掌握这些先进技术,将其巧妙地融入自己的设计中,从而提升设计的整体质量和水平。

2. 设计审查与评审

设计审查与评审在工程建设中占据着举足轻重的地位,它是确保设计质量、预防工程质量事故的关键环节。通过建立健全设计审查制度,人们可以对设计方案、施工图纸等进行全面、细致的审核,从而保证设计的科学性、合理性和安全性。这一制度的实施,不仅能够及时发现和纠正设计中的不足和错误,更能从源头上避免潜在的质量问题,为后续的施工奠定坚实的基础。在设计审查的过程中,人们应重点关注设计方案是否符合国家及行业的规范标准,结构布局是否合理,安全性能是否达标,以及施工图纸的准确性与可行性。这些方面的严格把控,对于提高设计质量、降低工程质量事故风险具有至关重要的意义。同时,设计审查还能够促进设计单位内部的自我完善和提升,推动设计理念的更新和技术进步。除了设计审查之外，组织专家对设计进行评审也是不可或缺的一环。专家评审能够从专业的角度对设计中的关键技术问题进行深入剖析和论证，确保设计的先进性和可靠性。通过专家的集体智慧和经验，人们可以及时发现并解决设计中的疑难杂症，进一步提升设计的质量和水平。在设计评审过程中，专家们会对设计方案的创新性、实用性、经济性等方面进行综合评估，为项目的顺利实施提供有力保障。同时，针对设计中的不足之处，专家们还会提出宝贵的改进意见和建议，帮助设计单位不断完善和优化设计方案，从而实现工程质量的整体提升。

（二）提高施工质量

1. 施工过程控制

施工过程控制是确保工程质量的基石。在施工过程中，必须严格执行施工组织设计和施工方案，这是保障施工质量和安全的关键。施工组织设计是施工的总体规划和部署，它明确了施工方法、工艺流程、资源配置和安全措施等，为施工提供了全面的指导。而施工方案则是针对具体施工任务而制订的详细计划，包括施工步骤、技术要求和质量标准等。只有严格按照这些设计和方案进行施工，才能确保施工工艺的合理性和施工操作的规范性。施工工艺的合理性和施工操作的规范性对工程质量有着至关重要的影响。合理的施工工艺能够有效地提高施工效率，减少材料浪费，同时保证工程的质量。规范的施工操作则能够避免人为因素导致的质量问题，如施工误差、操作不当等。因此，在施工过程中，必须注重施工工艺的选择和施工操作的规范性，确保每一个环节都符合质量要求。除了严格执行施工组织设计和施工方案外，加强施工现场管理也是保证工程质量的重要手段。施工现场是工程建设的核心区域,各种材料、设备和人员都在此汇集,因此,施工现场的管理水平直接关系到工程的质量和安全。在施工现场,必须建立完善的管理制度,明确各岗位的职责和要求,确保施工现场的秩序井然。同时,要加强对施工现场的监督检查,及时发现和解决施工中的质量问题,防止质量事故的发生。做好施工记录也是保证工程质量的重要环节。施工记录能够详细记载施工过程中的各种情况,包括施工进度、材料使用情况、质量检测数据等,是工程质量追溯的重要依据。通过查阅施工记录,可以及时了解施工过程中的问题和不足,为后续的施工提供有益的参考。因此,在施工过程中,必须认真填写施工记录,确保其真实、准确、完整。

2. 施工人员培训与管理

施工人员无疑是工程质量保障中的核心要素。他们的技术水平、业务能力和质量意识直接决定了工程的最终质量。因此,对施工人员的培训和管理是至关重要的。通过加强对施工人员的专业培训,可以确保他们掌握最新的施工技术、了解施工材料的性能和使用方法,以及熟悉各种施工规范和操作规程。这样,施工人员在实际操作中就能够更加得心应手,减少因操作不当而导致的质量问题。同时,培训还能提高施工人员的业务素质,使他们能够更好地理解和执行设计要求,增强与设计师、监理等各方的沟通能力,确保工程顺利进行。

除了专业培训,对施工人员的职业道德和责任心的培养也同样重要。通过建立健全施工人员管理制度,可以明确每个施工人员的职责和责任范围,使他们意识到自己的工作对整个工程质量的影响。这种责任感会激励施工人员更加认真地对待自己的工作,减少施工中的疏忽和错误。同时,管理制度还能够对施工人员的行为进行规范,防止违规操作的发生。在增强施工人员责任心和质量意识方面,还可以通过激励机制和约束机制来实现。例如,可以设立奖励制度,对表现优秀的施工人员进行表彰和奖励,从而激发他们的工作积极性和创新精神。同时,对于违反施工规范、造成质量问题的施工人员,也应给予相应的处罚,以起到警示作用。此外,为了持续提高施工人员的技术水平和质量意识,还可以定期组织技能竞赛、经验交流会等活动。这些活动不仅能够为施工人员提供一个展示自己才能的平台,还能够促进他们之间的交流和学习,共同进步。

(三)材料及设备质量控制

1. 材料选购与检验

材料质量对工程质量有着至关重要的直接影响。在选购材料时,严格把关是保障工程质量的基石。选择信誉良好、质量稳定的供应商是确保材料质量的第一步。一个可靠的供应商不仅能够提供高质量的材料,还能在材料出现问题时及时配合解决,大大降低因材料问题导致的工程质量风险。除了选择优秀的供应商,对材料的检验同样不可忽视。每一种进入施工现场的材料都应该经过严格的检验程序,确保其符合国家相关标准和设计要求。这包括对材料的外观、尺寸、性能等多方面的检查。只有经过这一系列细致的检验,才能确保材料的质量,进而保障整体工程的质量。在材料检验过程中,一旦发现不合格材料,必须坚决予以淘汰,杜绝使用。不合格的材料如果被使用到工程中,很可能会成为潜在的隐患,影响工程的安全性和稳定性。因此,对于不合格材料,必须做到零容忍,确保每一份用于工程的材料都是合格的、优质的。同时,对材料的选购和检验工作应该形成一套完善的管理制度和流程。这包括明确材料选购的标准和程序、建立材料检验的规范和操作流程、设定不合格材料的处理机制等。通过这些制度和流程的建立,可以确保材料选购和检验工作的有序进行,提高工作效率,减少人为失误。此外,加强对材料选购和检验人员的培训也是非常重要的。只有让这些人员充分了解材料的质量标准、检验方法和操作流程,才能确保他们能够胜任这项工作,为工程质量提供有力的保障。

2. 设备选型与维护

设备选型是确保工程质量的重要前提。在工程实施过程中,选择性能稳定、质量可靠的设备至关重要,因为这不仅关系工程的顺利进行,更直接影响工程的质量和安全。为了满足工程的实际需求,必须在设备选型时进行深入的分析和比较,选出最适合工程需求的设备。性能稳定是设备选型的关键因素之一。稳定的性能意味着设备在运行过程中能够持续、平稳地工作,避免因设备故障导致的工程中断或质量下降。在选择设备时,应对其性能指标进行全面的评估,包括设备的运行稳定性、耐用性、精度等。只有这样,才能确保所选设备能够满足工程的实际需求,并在施工过程中发挥出最佳的性能。除了性能稳定外,质量可靠也是设备选型的重要考量。可靠的质量意味着设备在使用过程中能够保持良好的工作状态,减少故障发生的概率。为了确保设备的质量可靠,可以从设备的材料选择、制造工艺、质量控制等方面进行综合评估。同时,还可以参考设备在其他类似工程中的实际应用情况,以及用户对该设备的评价,从而更全面地了解设备的质量和可靠性。在设备选型完成后，加强设备的维护保养同样重要。定期的维护保养可以确保设备始终处于良好的工作状态，延长设备的使用寿命，并降低因设备故障导致的质量事故风险。为了做好设备的维护保养工作，需要建立完善的设备管理制度，明确设备的保养周期、保养内容以及保养责任人。同时，还应对设备进行定期的检查和维修，及时发现并解决设备存在的问题，确保设备在施工过程中能够正常运行。

二、建筑工程质量事故处理方法

（一）事故调查与分析

1. 事故现场保护

在建筑工程质量事故发生后，第一时间对事故现场进行保护的重要性不言而喻。保护事故现场，意味着为后续的事故调查保留了最直接的证据，这是确保事故调查准确性的关键所在。在事故刚发生时，现场往往保留着事故最原始的痕迹，这些痕迹对于分析事故原因、判断事故性质具有极高的价值。因此，必须迅速采取行动，设立警戒线，防止无关人员进入，以免对现场造成不必要的破坏。设立警戒线不仅是一种物理隔离措施，更是一种明确的信号，告知所有人员此区域发生了重要事件，非相关人员不得随意进入。这样做不仅可以保护现场不被破坏，还能确保调查人员能够在一个相对安静、不受干扰的环境中进行工作。同时，警戒线的设立也有助于维护现场秩序，防止因人员混杂而引发的二次事故。在保护现场的同时，对现场进行详细记录也是一项至关重要的工作。这些记录应当尽可能全面、详细，包括事故发生的时间、地点、涉及人员等基本信息，以及事故现场的具体状况、环境特征等。这些信息对于后续的事故原因分析、责任判定以及预防措施的制定都具有重要意义。通过记录，调查人员可以更加客观地了解事故发生的全过程，避免主观臆断和误解。此外，现场记录还可以作为宝贵的档案资料，供未来类似事故的预防和处理参考。通过对历史事故的深入研究，人们可以发现一些共性的问题和隐患，从而采取相应的措施加以改进，提高建筑工程的安全性和可靠性。

2. 事故原因分析

对事故原因进行深入分析，是处理建筑工程质量事故不可或缺的一环。这一过程中，需要组织一支由专业技术人员组成的团队，他们应具备丰富的行业经验和精湛的技术能力。利用科学的方法和手段，这个团队将从设计、施工、材料、设备等多个角度出发，对事故进行全面而细致的剖析。设计的合理性是首先需要审视的环节。设计是建筑工程的起点，它决定了工程的整体结构和各个细节。如果设计存在缺陷或者不合理之处，那么整个工程的质量都将受到影响。

因此，专业技术人员需要对设计图纸进行逐一核查，检查是否存在结构上的不合理或者安全系数的不足。施工过程中的问题也是分析的重点。施工质量直接决定了建筑的稳固性和安全性。专业技术人员需要仔细审查施工记录，检查施工过程中的每一个环节是否符合规范，是否存在偷工减料、违规操作等问题。同时，他们还需要对施工人员的技能水平和操作过程进行评估，以确定是否存在人为因素导致的事故。材料和设备的质量对工程质量有着至关重要的影响。如果使用了劣质材料或者设备存在故障，那么建筑的安全性将大打折扣。因此，专业技术人员需要对所有使用过的材料和设备进行严格的检测和鉴定,以确定它们是否符合相关标准和规范。对于不合格的材料和设备,需要追查其来源,并采取相应的措施防止类似问题再次发生。在进行事故原因分析时,查阅资料、询问相关人员和现场勘查是必不可少的步骤。这些工作能够帮助专业技术人员更全面地了解事故的经过和细节,从而更准确地找出事故的根源。

(二)制定事故处理方案

1. 修复与加固

根据事故原因分析结果,为确保结构安全,必须立即着手制定修复与加固方案。这一方案需要细致入微地针对事故具体部位,采取相应的技术措施进行精准修复。修复工作不仅要解决当前的问题,更要预防未来可能出现的安全隐患。对于受损严重的部位,可能需要采用高强度的材料来进行替换或者补强,以确保这些关键部位能够承受预期的荷载。在修复过程中,应严格遵守工程建设的规范和标准,确保每一步操作都精准可靠。

此外,对于修复材料的选择,也必须严格把控其质量,避免因材料问题导致的二次损害。除了对事故部位的直接修复,还需对受影响的其他部位进行全面的检查和评估。这些部位虽未直接受损,但可能因事故的冲击波效应或结构应力的重新分布而受到影响。因此,对这些部位的加固工作同样重要。加固措施可能包括增加支撑结构、优化连接方式,或者使用更高性能的材料来提升整体的承载能力。在修复与加固方案中,还应考虑到结构的整体稳定性。这可能需要通过调整结构的布局、增加冗余支撑,或者优化荷载传递路径等方式来实现。每一项调整都必须经过精确的计算和测试,以确保其在实际应用中的有效性。此外,方案的实施需要由经验丰富的专业团队来执行。团队成员之间应保持紧密的沟通与协作,确保每一步操作都符合预期的设计要求。同时,方案的执行过程也应进行严格的监督和检查,及时发现并纠正可能出现的偏差。

2. 结构安全评估

在修复与加固过程中,对结构安全进行评估是至关重要的环节。这一步骤不仅验证了处理方案的有效性,而且确保了建筑物在未来的使用中的安全性。为了达到这一目的,应该邀请具有相应资质和丰富经验的专业机构进行全面细致的检测。评估过程中,专业机构会运用多种技术手段对结构的各个关键部位进行深入的检测和分析。这些技术手段可能包括但不限于非破坏性检测、应力分析,以及材料性能测试等。通过这些专业的检测手段,可以准确地了解结构的当前状态,包括是否存在潜在的损伤、材料的性能是否退化,以及结构整体的承载能力是否满足要求等。

除了技术手段的应用,专业机构还会依据相关的结构设计准则和安全性评估标准进行评估。这些准则和标准通常包括结构应满足的载荷、应力、变形等基本要求,以及材料的选择和使用规范。通过将这些基本要求与实际检测结果进行对比分析,可以得出结构是否安全的结论。在评估完成后,专业机构会提供详细的评估报告,其中包括对结构安全性能的全面评价和处理方案的有效性验证。这份报告不仅为后续的修复和加固工作提供了有力的依据,也为建筑物的管理和维护提供了宝贵的参考。此外,值得一提的是,结构安全评估并不是一次性的工作。在修复与加固过程中,可能需要进行多次评估,以确保每一步处理措施的有效性。同时,随着建筑物的使用和环境的变化,结构的安全性能也可能会发生变化。因此,定期进行结构安全评估是十分必要的。

(三)事故处理实施

1. 施工组织与管理

在事故处理过程中,加强施工组织与管理的重要性不言而喻。为了保障施工质量,明确各施工阶段的任务、责任和期限是必不可少的环节。每个施工阶段都应有明确的目标和要求,这有助于施工人员清晰了解自己的工作职责,从而更好地完成施工任务。通过明确责任,可以确保每个施工人员都对自己的工作负责,提高工作效率,减少施工中的错误和延误。同时,设定合理的期限能够促使施工人员按时完成工作,保证施工进度不受影响。为了确保事故处理工作的顺利进行,还需加强对施工人员的培训与管理。

通过专业培训,可以提高施工人员的技能水平,使他们更加熟悉施工流程和操作规范,从而降低施工中出现错误的可能性。此外,加强管理可以确保施工人员严格遵守安全规定,增强安全意识,减少事故发生的风险。通过提高施工人员的整体素质,可以进一步提升施工质量,确保事故处理工作的高效进行。在事故处理中,施工组织与管理的优化不仅关乎施工质量和进度,更涉及人员安全与环境保护。

因此,人们必须从多个方面入手,全面提升施工组织与管理的水平。例如,可以利用现代信息技术手段,实现施工过程的实时监控与数据分析,以便及时发现问题并进行调整。同时,还应建立完善的施工质量评价体系,定期对施工质量进行评估和总结,从而不断改进施工方法和工艺。这些措施将有助于提升施工效率,保障施工质量,确保事故处理工作能够顺利进行。在事故处理的过程中,每一个细节都至关重要。从施工材料的选择到施工方法的确定,再到施工现场的安全管理,每一步都需要精心策划和严格执行。

2. 质量控制与验收

事故处理过程中,严格执行质量控制措施是至关重要的。这不仅关乎施工质量的优劣,更直接影响到事故处理的效果和建筑物的安全性能。因此,在处理事故的每一个环节,都必须将质量控制放在首位,确保施工质量严格符合相关标准和规范。为了达到这一目标,施工过程中应实施严格的质量监督和管理。施工人员必须遵循施工工艺和规范,确保每一步操作都精准无误。同时,施工材料的选择也必须慎之又慎,只有质量上乘、符合标准的材料才能被用于施工中,从根本上保证施工质量。在施工完成后,组织相关人员进行验收是不可或缺的环节。这一步骤旨在全面评估处理效果,确保问题得到了有效解决。验收过程中,应严格按照相关标准和规范进行检查和测试,不放过任何一个细节。只有通过严格的验收程序,才能确保施工质量达到预期目标,为建筑物的安全使用提供坚实保障。

此外,验收过程中还应注重数据的分析和比对,用事实说话。通过对比施工前后的数据变化,可以更加客观地评估处理效果。这种数据驱动的方法不仅提高了评估的准确性,也为后续的优化和改进提供了有力支持。同时,参与验收的人员也应具备丰富的专业知识和实践经验。他们能够准确识别施工中的问题,提出切实可行的改进建议。通过他们的专业评估,可以进一步确保施工质量符合相关标准,为建筑物的长期安全使用保驾护航。

第五章　土木工程技术创新与绿色发展

第一节　绿色建筑材料与技术的应用

一、绿色建筑材料

（一）墙体材料

1. 生态混凝土，作为建筑材料领域的一大创新，其核心价值在于将生态保护的理念与尖端的建筑材料技术完美融合。其独特的原料选择，即采用工业废渣、矿渣粉等废弃物作为替代材料，不仅显著降低了对天然资源的开采压力，更推动了资源的循环利用。这种做法不仅是对环保理念的生动实践，更是对可持续发展战略的深入贯彻。生态混凝土的性能同样令人瞩目。它拥有出色的透气性，这一特性使得建筑内部湿度和温度得以有效调节，为居住者营造了一个更加舒适宜人的生活环境。尤其在潮湿或高温的环境中，生态混凝土能够显著降低室内的潮湿感，提高居住舒适度。同时，生态混凝土还具备卓越的抗渗性能。无论是地下室、浴室等潮湿环境，还是屋顶、墙面等易受雨水侵蚀的部位，生态混凝土都能凭借其出色的防水性能，有效防止水分渗透，确保建筑物的结构完整和使用寿命。此外，生态混凝土的耐久性也是其一大亮点。在各种恶劣的气候和环境下，生态混凝土都能保持稳定的性能，不易受到外界因素的侵蚀和破坏。这使得生态混凝土在公路、桥梁、隧道等基础设施建设中得到了广泛应用，为交通安全和顺畅提供了有力保障。

2. 轻质隔墙板，这一高效、节能且环保的绿色建筑材料，正在建筑行业中崭露头角，成为不可或缺的一部分。其独特的制作工艺，巧妙地将植物纤维、矿渣、粉煤灰等工业废弃物转化为宝贵的建筑材料，让这些原本可能被忽视的废弃物焕发出新的生机。轻质隔墙板的质量轻且强度高，这是其最大的特点之一。相比传统建筑材料，它更加轻便，便于施工和搬运，同时也保证了足够的强度，满足建筑结构的需要。此外，轻质隔墙板还具备出色的防火、隔音和隔热性能。在火灾发生时，它能有效阻止火势蔓延，为人们的生命安全提供重要保障；在隔音方面，它能有效隔绝外界噪音，为人们创造一个宁静的居住环境；在隔热方面，它能有效减少室内外温度交换，保持室内温度稳定，节省能源消耗。轻质隔墙板在各类建筑的内隔墙中得到了广泛应用。无论是在住宅、办公楼还是在其他公共建筑中，它都能显著提升建筑物的舒适度和节能效果。在住宅中，轻质隔墙板可以用于室内隔断，将空间划分为多个功能区，满足居住者的不同需求；在办公楼中，它可以用于办公室、会议室等场所的隔断，提高空间的灵活性和使用效率；在公共建筑中，轻质隔墙板则能够为大型空间提供稳定的隔断，同时保持其美观和实用性。

3. 纳米材料在绿色建筑材料领域的应用正逐步深化，其独特的物理和化学性质为建筑材料带来了革命性的改变。特别是在纳米改性涂料和纳米混凝土方面，纳米材料的应用已经展现出显著的优势。纳米改性涂料通过融入纳米技术，显著提升了传统涂料的性能。其出色的伸缩性、防水性和耐老化性，使得涂料在长期使用过程中能够保持稳定的性能，减少维护和更换的频率。此外，纳米改性涂料还具备自洁和杀菌功能，能够有效抵御污渍和细菌的侵蚀，为居住者提供更为健康、清洁的居住环境。纳米混凝土则是纳米材料在建筑领域的另一重要应用。通过在混凝土中添加纳米材料，可以显著提高混凝土的力学性能、耐久性和抗渗性。这种高性能混凝土在大型桥梁、隧道等重要建筑结构的建造中发挥着至关重要的作用。纳米混凝土的抗渗性能够有效防止水分和有害物质的渗透，从而保护建筑结构免受腐蚀和破坏。同时，其高强度和耐久性也大大延长了建筑的使用寿命，提高了建筑的安全性。纳米材料在绿色建筑材料中的应用，不仅提高了建筑材料的性能和质量，还推动了建筑行业的可持续发展。通过利用纳米技术，建筑材料能够更好地适应各种复杂的环境条件，减少资源消耗和环境污染。同时，纳米材料的应用也为建筑行业带来了更多的创新和发展机遇，推动了行业的不断进步。

（二）门窗材料

1. 真空玻璃，作为一种高效节能的绿色门窗材料，在现代建筑中具有不可替代的作用。其独特的制作工艺，即通过真空技术抽走两片玻璃之间的空气，形成真空层，为其赋予了卓越的性能。由于真空层有效地阻断了热传导和声传导，真空玻璃在保温、隔音方面表现出色，显著提升了建筑物的舒适度。同时，其优良的防结露性能，使得室内环境更加干爽，避免了传统玻璃易出现的结露问题。这些特点使得真空玻璃在寒冷地区和噪声污染严重的环境中尤为适用，为居民提供了宁静、舒适的居住体验。此外，真空玻璃的高效节能性也为建筑物带来了显著的节能效果，降低了能源消耗,实现了环保与经济效益的双重提升。

2. 木塑复合材料,作为一种新型的环保、可再生门窗材料,正逐渐受到市场的青睐。其主要由木材纤维与塑料复合而成,这种独特的组合使得木塑复合材料兼具木材与塑料的双重优点。在性能方面,木塑复合材料展现出了卓越的抗腐蚀性、抗虫蛀性以及耐磨性,这使得它在各种环境下都能保持稳定的性能,大大延长了使用寿命。同时,由于其主要原料的可再生性,木塑复合材料也具有很高的环保性,符合当前社会对可持续发展的追求。在应用领域上,木塑复合材料因其出色的性能和环保特点,被广泛应用于门窗框、户外地板等领域。在门窗行业中,其优良的耐用性和美观性得到了充分体现;在户外地板领域,其耐磨、防滑、耐腐蚀的特性也受到了用户的一致好评。

3. 铝包木门窗,融合了铝的坚固与木材的温馨,成为现代家居中一道亮丽的风景线。这种门窗材料巧妙地结合了铝的耐久性和木材的自然质感,既保留了木材的温馨与舒适,又增强了门窗的耐用性。铝包木门窗在隔音、隔热方面表现出色,为居住者营造了一个安静、舒适的生活环境。其优良的抗老化性能更是让门窗历久弥新,减少了维修和更换的频率。此外,铝包木门窗还兼具独特的美观效果,无论是现代简约还是复古风格的家居,都能与之完美融合,为居室增添一抹别样的风采。这种门窗材料不仅满足了现代人对绿色、环保的追求,更在实用性与美观性之间找到了完美的平衡。铝包木门窗的出现,不仅提升了家居的品质,更体现了人们对美好生活的向往与追求。

(三)屋面材料

1. 绿色屋顶是一种创新的建筑设计元素,它通过在建筑屋顶上覆盖植物和土壤等绿色元素，为城市环境带来了诸多益处。这种设计不仅有助于降低建筑的能耗，还能显著减少雨水径流，提高生态环境的整体质量。绿色屋顶的一个重要优势是其能够降低室内外温差，减少城市热岛效应。在炎热的夏季，植物通过蒸腾作用可以释放水分，降低周围环境的温度，从而为建筑提供自然的冷却效果。同时，绿色屋顶还能有效吸收和储存雨水，减少城市排水系统的压力，促进水资源的循环利用。

2. 太阳能光伏屋面是绿色建筑领域的一项重要创新，它将太阳能电池板巧妙地融入屋面设计，实现了能源的高效利用与建筑的完美结合。这种绿色屋面材料不仅能够有效地将太阳能转化为电能，为建筑物提供可持续的电力供应，而且具有显著的节能和环保优势。太阳能光伏屋面通过减少对传统能源的依赖，降低了能源消耗，从而减少了碳排放和对环境的负面影响。此外，太阳能光伏屋面还具有较长的使用寿命和较低的维护成本，为建筑物提供了更加经济、环保的解决方案。这种绿色屋面材料不仅满足了现代建筑对节能、环保的需求，也为人们创造了更加舒适、健康的居住环境。

3. 透气防水材料作为一种创新型的绿色屋面材料，以其卓越的透气性和防水性能受到广泛关注。这种材料能够确保建筑物内部的湿气顺畅排出，有效防止屋面渗水问题，为居住者提供一个更为干燥、舒适的环境。透气防水材料的应用不仅提高了建筑物的舒适度，还显著增强了其耐久性。通过有效防止水分侵入和积累，该材料降低了建筑材料受潮、发霉等问题的风险，延长了建筑的使用寿命。同时，由于其良好的防水性能，建筑物维修成本也得以降低，为业主带来了更为经济的选择。

二、绿色建筑技术

（一）节能技术

1. 高效保温技术

在绿色建筑的实践中，高效保温技术无疑占据了举足轻重的地位。这种技术通过采用先进的保温材料，如真空绝热板和石墨烯保温材料等，为建筑物构筑起一道坚实的“防护墙”，有效地降低了能耗。这些材料不仅具有卓越的保温性能，而且环保、耐用，符合绿色建筑对材料选择的严苛要求。然而，高效保温技术并非仅仅依赖于材料的选择。合理的建筑设计和施工工艺同样至关重要。设计师们需要充分考虑建筑的朝向、布局和形态，确保建筑物能够最大程度地接收和利用太阳能，同时避免过度的热损失。例如，优化建筑的朝向，使其能够充分吸收冬季的阳光，减少夏季的直射；使用双层幕墙结构，形成空气间层，提高保温隔热性能。此外，施工工艺的精细程度也直接影响到保温效果。在施工过程中，需要严格控制材料的质量和安装精度，确保保温层与建筑物之间紧密贴合，无缝隙、无遗漏。同时，还需要注意施工过程中的环境保护和节能措施，减少施工过程中的能耗和污染。

2. 可再生能源利用

绿色建筑技术中，可再生能源的利用已经成为行业关注的焦点。太阳能、风能、地热能等可再生能源的广泛应用，不仅有助于减少传统能源的消耗，还能显著降低建筑物的碳排放，为环境保护贡献一份力量。太阳能作为一种清洁、可再生的能源，在建筑领域的应用日益广泛。通过在建筑屋面安装太阳能光伏板，可以将太阳能直接转化为电能，为建筑提供源源不断的绿色能源。这种技术不仅降低了建筑物的能耗，还减少了对化石燃料的依赖，有助于减缓全球气候变暖的趋势。风能同样是一种具有巨大潜力的可再生能源。在绿色建筑设计中，风能的应用可以从建筑外立面、屋顶和庭院等多个方面入手。例如，在建筑顶部安装风力发电机，利用风能产生电力，为建筑提供能源支持。这种技术同样可以减少对传统能源的依赖，降低碳排放。此外，地热能作为一种稳定可靠的可再生能源，也在绿色建筑中得到了广泛应用。通过地热能泵将地下的热能转化为热水或空调制冷，可以为建筑提供供热和供暖的功能。这种技术不仅具有高效节能的特点，还能减少对传统燃煤或燃气取暖系统的依赖，降低对环境的影响。

3. 智能化控制

随着物联网、大数据等前沿技术的飞速发展，绿色建筑的智能化控制已成为现实。智能家居系统作为这一变革的核心，通过实时监控和精细调节建筑内的照明、空调、地暖等设备，为建筑物赋予了前所未有的能源效率。在智能照明方面，系统能够根据环境光线的变化和居住者的活动习惯，自动调整灯具的亮度和开关状态，既保证了舒适的光照环境，又避免了不必要的能源浪费。在智能空调和地暖系统中，系统通过温度传感器和湿度传感器等设备，实时监测室内外的环境参数，并根据居住者的设定自动调节设备的运行状态，确保室内温度始终保持在舒适范围内，同时实现能源的最优利用。

（二）环保技术

1. 雨水收集利用

绿色建筑技术特别强调雨水的收集与利用，这是实现水资源可持续利用的重要手段。通过精心设计的雨水收集系统，雨水可以被有效地从屋顶、地面等地方收集起来，经过简单的处理后，即可用于绿化灌溉、冲厕等非饮用水用途。这种技术显著减少了对地下水和市政供水的依赖，有效缓解了水资源紧张的问题，为城市的可持续发展提供了有力支持。雨水收集系统的设置不仅有助于节约水资源，还带来了显著的生态效益。首先，通过收集和利用雨水，可以显著减少雨水径流对环境的冲击。在降雨过程中，雨水往往以较快的速度流入下水道，形成大量的雨水径流。这些径流不仅会对城市的排水系统造成压力，还可能引发城市洪涝灾害。而雨水收集系统则可以将雨水截流并储存起来，减少径流的数量和速度，从而降低城市洪涝灾害的风险。其次，雨水中的营养物质还能为植物提供生长所需的养分。雨水在降落过程中会溶解空气中的气体和颗粒物，其中包括一些对植物生长有益的营养物质。通过收集和利用这些雨水，可以为植物提供额外的养分来源，促进植物的生长和生态环境的改善。再次，雨水收集系统还可以与城市的其他基础设施相结合，形成完善的城市水资源管理体系。例如，雨水收集系统可以与污水处理系统相结合，将收集到的雨水用于冲厕等用途，从而减少对自来水的需求。最后，雨水收集系统还可以与城市的绿地系统相结合，为绿地提供灌溉水源，促进城市的绿化和生态环境的改善。

2. 废水处理

绿色建筑技术不仅仅局限于建筑本身的节能与环保，更在废水处理和回收方面展现了其独特的价值。在这一技术框架下，通过引入先进的废水处理设备，如生物滤池和膜分离技术，绿色建筑成功地实现了生活污水的处理和再生利用，为环境保护和水资源节约做出了重要贡献。生物滤池作为一种模拟自然生态系统的废水处理技术,其核心在于利用微生物的降解作用。在生物滤池中,微生物通过吸附、氧化、还原等生物化学反应,将废水中的有机物分解为无害物质,从而达到减少污染的目的。这种技术不仅处理效率高,而且运行成本低,对于绿色建筑来说,是一种非常理想的废水处理方法。膜分离技术则是另一种高效的废水处理技术。它利用特定材质的膜,通过物理或化学方法,将废水中的有害物质与水分离。膜分离技术具有过滤精度高、处理效果好、占地面积小等优点,特别适用于处理高浓度、难降解的废水。通过膜分离技术处理后的废水,可以达到再生利用的标准,为绿色建筑提供宝贵的水资源。

3. 垃圾分类处理

绿色建筑技术在推动垃圾分类和回收工作方面发挥着至关重要的作用。在建筑设计和运营的每一个环节,都致力于通过精心设置的分类垃圾桶、明确的垃圾投放标识以及深入的宣传教育活动,来提升居民对垃圾分类的认识和参与度。这一措施的核心目标在于确保各类垃圾得到恰当、有效的分类和处理,从而最大限度地减少建筑垃圾对环境产生的负面影响。通过分类投放,可回收资源如纸张、塑料、金属等得以回收再利用,这不仅降低了资源消耗,也减少了垃圾处理过程中的能源消耗和环境污染。垃圾分类的实施不仅有助于资源的回收再利用,同时也为城市垃圾处理体系带来了显著的经济效益。通过减少需要填埋或焚烧的垃圾量,城市能够降低垃圾处理成本,提高垃圾处理效率。此外,减少垃圾对环境的污染,也有助于维护城市的生态平衡和居民的健康。而宣传教育则是推动垃圾分类工作深入开展的重要手段。通过普及垃圾分类知识,让居民了解不同垃圾对环境的影响以及分类处理的重要性,有助于形成人人参与、共同维护环境的良好氛围。这种氛围不仅有助于提升城市的整体环境质量,也为城市的可持续发展奠定了坚实的基础。

(三)健康技术

1. 室内空气质量控制

绿色建筑技术对室内空气质量的关注是全方位的。这一技术通过一系列创新措施,确保室内空气质量始终维持在健康标准,为居住者提供更为舒适、清新的环境。其中,新风系统是绿色建筑技术中至关重要的一环。它能够高效地将室外新鲜空气引入室内,同时排出室内的污浊空气,有效改善室内的通风环境。通过不断循环和更新空气,新风系统能够显著降低室内空气中的二氧化碳浓度,减少细菌和病毒等有害微生物的滋生,从而保障居住者的呼吸健康。除了新风系统,空气净化器也是绿色建筑技术中不可或缺的一部分。空气净化器能够去除空气中的细微颗粒物、有害气体等污染物,如 PM2.5、甲醛、苯等,进一步提升室内空气质量。通过高效过滤和吸附作用,空气净化器能够显著减少空气中的有害物质含量,为居住者提供更为清新、健康的室内环境。在装修材料的选择上,绿色建筑技术同样强调环保和健康。它推荐使用低挥发性有机化合物的环保材料,这些材料在制造和使用过程中释放的有害气体较少,能够显著降低室内空气污染水平。通过使用这些环保材料,绿色建筑不仅能够减少装修过程中对环境的影响,还能够为居住者提供更加健康、安全的居住空间。

2. 绿色照明

绿色建筑技术在照明系统上的创新体现在积极推广使用节

能、环保的照明设备，这些设备以其独特的技术优势和环保特性，为建筑照明领域带来了革命性的变化。LED 灯具作为其中的佼佼者，以其高效能、低能耗的特点，显著降低了建筑照明的能耗水平。LED 灯具不仅具有长寿命的特点，减少了频繁更换灯具的需求，而且其高亮度、低发热的特性，也使它成为绿色建筑照明的首选。与此同时，自然光导光系统作为另一种创新的照明方式，也受到了广泛关注。该系统巧妙地利用光学原理，将室外的自然光引入室内，为建筑内部提供健康、舒适的照明环境。这种方式不仅减少了电力消耗，降低了能源浪费，同时也为人们带来了更加自然、柔和的光照体验。绿色建筑技术中照明设备的创新应用，不仅有助于降低建筑能耗，提高能源利用效率，更有助于改善室内光环境，提高人们的生活质量。通过采用 LED 灯具和自然光导光系统等高效节能的照明设备，绿色建筑能够减少照明系统的电力消耗，降低碳排放，为环保事业做出贡献。此外，这些照明设备还具有健康、舒适的特点。LED 灯具的高亮度和低发热特性，使得人们在享受明亮照明的同时，也能够避免过多的热量辐射。而自然光导光系统则能够为人们带来更加自然、柔和的光照体验，减少眼睛疲劳，提高居住和工作的舒适度。

3. 生态景观设计

绿色建筑技术中的生态景观设计，作为其核心组成部分，其重要性不言而喻。它通过细致的植物配置和巧妙的水体布局，精心打造出一个既生态友好又视觉美观的户外环境。在植物配置方面，生态景观设计强调选择适应当地气候和土壤条件的本土植物。这些植物不仅能够确保健康生长，减少维护成本，还能为居民提供一个丰富多彩的绿色空间。这些绿色元素不仅提升了居住环境的舒适度,还有助于改善空气质量,降低城市热岛效应,促进生态环境的可持续发展。同时,水体布局的合理规划也是生态景观设计的重要一环。通过设置雨水收集系统、人工湿地等设施,不仅能够有效利用和回收水资源,还能为居民带来宁静、舒适的休闲场所。雨水收集系统可以将雨水收集起来,经过净化处理后用于灌溉植物或补充地下水,实现了水资源的循环利用。而人工湿地则通过模拟自然湿地的生态功能,对水质进行自然净化,进一步提升了水资源的利用价值。这种生态友好的景观设计不仅提升了居民的生活品质,还促进了人与自然的和谐共生。居民可以在这样的环境中享受到清新的空气、宜人的景色和宁静的氛围,从而感受到大自然的魅力和力量。同时,这种设计也有助于提升居民的环境保护意识,促进可持续发展理念的普及和实践。

第二节　节能减排与环保措施在建筑工程与土木工程中的实施

一、建筑工程中的节能减排措施

(一)建筑材料选择

在建筑工程中,选择绿色、环保、节能的材料是实现节能减排、推动可持续发展的重要途径。这些材料以其卓越的性能和环保特性,成为现代建筑不可或缺的一部分。高性能混凝土作为一种绿色建筑材料,在建筑工程中发挥着关键作用。其高强度、耐久性和耐火性能使得建筑结构更加安全可靠,同时减少了结构体积,提高了建筑的使用面积。在生产过程中,高性能混凝土采用了先进的生产技术和环保材料,降低了能源消耗和二氧化碳排放,有效促进了建筑行业的绿色发展。节能玻璃在建筑领域的应用也日益广泛。它不仅可以提高建筑的采光性能,还可以有效阻挡太阳热量,起到隔热作用,减少了能源消耗。此外,节能玻璃的强度较高,遇到外部冲击时不易破碎,提高了建筑的安全性。绿色涂料则是另一种重要的绿色建筑材料。它采用了环保材料和先进的生产工艺,具有无毒、无味、无污染等特点。在建筑工程中使用绿色涂料,不仅可以美化建筑外观,还可以降低对环境的污染,提高建筑的环保性能。除了以上几种绿色建筑材料外,可再生材料如竹材、木材等也在建筑工程中得到了广泛应用。这些材料具有可再生、可降解等特性,降低了对自然资源的依赖,实现了可持续发展。例如,竹材作为一种优质的建筑材料,不仅具有较高的强度和稳定性,还具有优良的抗震性能。

(二)建筑结构优化

在追求建筑物能源利用效率提升的道路上,优化建筑结构扮演着至关重要的角色。一个精心设计的建筑结构不仅能提供舒适的居住和工作环境,还能显著降低对外部能源系统的依赖,从而达到节能减排的目的。自然光照和通风是建筑设计中不可或缺的元素。合理利用这两者,可以显著降低对人工照明和空调的依赖,从而减少能源消耗。在设计过程中,建筑的朝向是一个需要重点考虑的因素。通过合理安排建筑的朝向,可以确保室内能够获得充足的自然光照,减少白天对人工照明的需求。同时,合适的朝向也有助于提高室内的通风效果,减少空气流通不畅带来的问题。开窗面积的大小和位置也是影响室内光环境和通风效果的关键因素。通过合理设置窗户的大小和位置,可以实现自然光的有效引入和室内空气的流通。例如，在朝南的房间设置大面积窗户，可以充分利用冬季的阳光，提高室内温度；在夏季，则可以通过调整窗户的开启角度和位置，引入凉爽的自然风，降低室内温度。屋顶绿化是另一种提高建筑能源利用效率的有效手段。通过在屋顶种植植物，不仅可以改善城市的生态环境，还可以为建筑提供额外的保温隔热层。在夏季，屋顶绿化可以降低室内温度，减少空调的使用；在冬季，则可以防止室内温度过低，减少供暖的能源消耗。此外，提高建筑物的保温隔热性能也是降低能耗的重要措施。采用双层玻璃、高效保温材料等新型建筑材料，可以有效减少室内外的热交换，降低空调和供暖系统的负荷。这些新型建筑材料不仅具有良好的保温隔热性能，还具有较长的使用寿命和较低的维护成本，是绿色建筑中不可或缺的一部分。

（三）建筑施工过程管理

在建筑施工过程中，采用节能施工工艺和设备是降低能源消耗和废弃物排放的关键措施。这些措施不仅有助于提升施工效率，还能促进环境保护和资源可持续利用。预拌混凝土作为一种先进的施工工艺，在建筑施工中发挥着重要作用。其采用工厂化生产方式，通过精确控制原材料的比例和质量，确保了混凝土的质量和性能。预拌混凝土的使用可以大幅度减少施工现场的粉尘污染和噪声污染，同时由于其生产过程的自动化和标准化，也可以降低能源消耗和废弃物产生。装配式建筑是另一种值得推广的节能施工工艺。它采用模块化设计，将建筑构件在工厂内预制完成，然后运输到施工现场进行组装。这种施工方式不仅减少了施工现场的湿作业量，降低了劳动力成本，还提高了施工效率。同时，装配式建筑在工厂内实现了材料和资源的有效利用和回收利用，避免了施工现场产生大量废弃物和建筑垃圾的问题。除了采用节能施工工艺外,加强对施工现场的管理也是实现节能减排的重要途径。合理规划施工进度,可以确保施工过程的连续性和稳定性,避免资源的浪费和重复利用。提高施工设备利用率,可以减少设备的空转时间和维修成本,降低能源消耗。降低施工过程中的废弃物排放,则需要通过分类收集、回收利用等措施,将废弃物转化为资源,实现废弃物的资源化利用。

二、土木工程中的节能减排措施

(一)交通工程

优化交通规划以降低能耗,是交通工程中实现节能减排的关键举措。要实现这一目标,需要从多个方面综合施策。合理规划交通路线是减少交通拥堵、降低车辆能源消耗的重要手段。通过科学的交通流量分析和预测,可以设计更为合理的道路网络,避免交通拥堵的发生。同时,利用先进的交通管理系统,如智能交通信号控制、实时交通监控等,可以进一步提高道路使用效率,减少车辆在行驶过程中的能源消耗。提高公共交通系统的运行效率,对于减少私家车出行、降低能源消耗具有重要意义。通过优化公共交通线路、增加公交车辆、提高公交车辆的运行速度等措施,可以吸引更多市民选择公共交通工具出行。此外,加强公共交通系统与其他交通方式的衔接,如地铁、轻轨、共享单车等,可以进一步方便市民出行,减少私家车的使用。

推广新能源交通工具是降低传统能源消耗、减少二氧化碳排放的有效途径。政府应出台相关政策,鼓励企业和个人购买新能源车辆,如提供购车补贴、减免购置税等,以降低新能源车辆的购车成本。同时,完善充电基础设施建设,提高新能源车辆的充电便利性,也是促进新能源交通工具在交通工程中广泛应用的重要措施。在推广新能源交通工具的过程中,还需要加强技术研发和标准制定。通过研发更为高效、安全、可靠的新能源汽车技术,可以提高新能源车辆的性能和使用寿命。同时,制定严格的新能源汽车标准和规范,可以确保新能源车辆的质量和安全性能,提高市民对新能源车辆的信任度和接受度。

(二)水利工程

在水利工程中,提高水资源利用效率是节能减排的关键。为此,人们需要采取以下措施:一是加强水资源管理,合理调配水资源,减少水资源浪费。二是采用高效节水技术,如滴灌、喷灌等,提高农业灌溉水利用率。三是加强水利工程建设过程中的能源消耗控制,采用节能型设备,降低能源消耗。

此外,在水利工程建设过程中,还应注重生态环境的保护,避免因工程建设而导致的生态破坏。通过实施水土保持、植被恢复等措施,减少能源消耗和废弃物排放,实现节能减排目标。

(三)市政工程

在市政工程中,推广绿色照明和智能控制系统对于节能减排的重要性不容忽视。这一策略的实施,不仅能够显著降低能耗,还有助于构建更为环保、高效的城市基础设施。LED 等节能灯具的引入,是绿色照明在市政工程中应用的重要一环。相较于传统照明设备,LED 灯具具有更高的能效和更长的使用寿命。通过替换传统照明设备,LED 灯具能够显著降低照明能耗,减轻城市电网的负担。同时,LED 灯具的光线质量更高,能够提供更舒适、更自然的照明效果,提升城市居民的生活质量。智能控制系统的应用,则是提高市政设施运行效率的关键。通过实时监控和优化调整,智能控制系统能够确保市政设施在最佳状态下运行,避免不必要的能源浪费。例如,在路灯照明系统中,智能控制系统可以根据光线强度和交通流量自动调节路灯的亮度,实现节能效果。此外,智能控制系统还可以与其他市政设施进行联动,如与交通管理系统协同工作,优化交通流量,进一步降低能源消耗。除了绿色照明和智能控制系统外,市政工程建设中还应关注可再生能源的利用。太阳能、风能等可再生能源具有清洁、可再生的特点,对于降低能源消耗、减少环境污染具有重要意义。在市政工程中,可以通过安装太阳能光伏板、风力发电机等设备,将可再生能源转化为电能或热能,为市政设施提供动力支持。这不仅有助于降低能源消耗,还有助于推动可再生能源产业的发展。

参 考 文 献

[1]葛昌. 全过程动态控制的建筑工程进度管理[J]. 决策探索·收藏天下(中旬刊),2020(4):29.

[2]唐慧谊. 浅谈建筑工程进度管理中全过程动态控制的应用策略[J]. 产业科技创新,2020(7):101-102.

[3]张囡囡. 基于全过程动态控制下的建筑工程进度管理[J]. 四川水泥,2019(1):206.

[4]罗卫,孙传艺. 建筑工程进度管理中全过程动态控制的应用策略[J]. 产业与科技论坛,2018(5):247-248.

[5]任姜涛. 房屋建筑工程施工技术及现场施工管理探究[J]. 砖瓦,2020(9):107-108.

[6]张海东. 第三方风险管理机构若干问题的思考[J]. 建设监理,2019(4):53-55.

[7]成文清,李彤彤. 工程质量潜在缺陷保险试点实践与建议[J]. 保险理论与实践. 2020(3):64-78.

[8]张浩. 土木建筑工程施工技术质量控制措施研究[J]. 低碳世界,2022(1):116-118.

[9]梅国强. 建筑工程施工技术质量控制措施分析[J]. 住宅与房地产,2020(27):113+116.

[10]蒋元洪. 对新形势下建筑工程施工技术的质量控制措施研究[J]. 居舍,2018(29):67.

[11]方宏昌.基于土木工程施工技术及质量控制措施分析[J].石家庄铁路职业技术学院学报,2018(1):62-67.

[12]徐从将,张勇.建筑工程施工技术质量控制措施分析[J].智能城市,2018(4):139.

[13]赵建新.对建筑工程施工技术质量控制措施进行探讨[J].住宅与房地产,2017(12x):139.

[14]韩丽.BIM 技术在建筑工程造价管理中的应用[J].环球市场,2016(30):215.

[15]姚鑫.BIM 技术在建筑工程造价管理中的应用[J].工程技术:引文版,2016(5):00037-00037.

[16]邓朗妮,罗日生,郭亮,等.BIM 技术在工程质量管理中的应用[J].土木建筑工程信息技术,2016(4):94-99.

[17]李文娟.BIM 技术在建筑工程造价管理中的应用研究[J].工程经济,2016(7):9-11.

[18]曹兵.简析 BIM 技术在建筑工程管理中的应用[J].中国建材科技,2016(4):84-85.

[19]孔凡春.BIM 在建筑工程管理中的应用探讨[J].工程技术:引文版,2016(10):00122-00122.

[20]曾健豪.BIM 在建筑工程管理中的应用探讨[J].建筑工程技术与设计,2016(18):2262

[21]谢大鹏.BIM 技术在水利水电工程中的应用[J].科技风,2018(030):161-161.

[22]史红昌.BIM 技术在建筑工程设计管理中的应用探讨[J].工业,2017(2):00224-00225.

[23]何令涛.模糊综合评价法在水利工程施工阶段质量评价的运用初探[J].水利科技与经济,2020(26):99-101+107.

[24]王雪龙.雍添金园装配式建筑施工质量评价与控制研究[D].沈阳:沈阳建筑大学,2018.

[25]周楚.引入设计监理的建筑工程设计质量管理评价研究[D].哈尔滨:哈尔滨工业大学,2019.

[26]陈浩.建筑工程方案设计质量评价研究[J].智能城市,2019(024):21-22.

[27]陈其红.基于层次分析法的超高性能混凝土生产质量评价体系[J].广东交通职业技术学院学报,2021(20):12-15.

[28]李晓辉.电力工程项目采购物资质量管理评价研究[D].济南:山东大学,2020.

[29]李兴葆.W 工程项目设计质量管理评价研究[D].北京:北京建筑大学,2021.